COMMENT CHOISIR ET BIEN INSTALLER SON AUTO-RADIO Hi-Fi

DU MEME AUTEUR AUX EDITIONS RADIO

- Les magnétoscopes (théorie et pratique).
- L'oscilloscope dans le laboratoire et l'industrie.
- Réglage et dépannage des T.V. couleurs.
- Techniques Hi-Fi.
- Comment choisir et installer sa chaîne Hi-Fi.
- Comment choisir et bien utiliser son magnétophone Hi-Fi.
- Hi-Fi montages pratiques.
- Technique - réglage - dépannage des téléviseurs à transistors.
- Comment régler et dépanner sa chaîne Hi-Fi.
- Le magnétophone et ses utilisations.
- Guide pratique Hi-Fi.

En couverture : Document Blaupunkt

CH. DARTEVELLE

COMMENT CHOISIR ET BIEN INSTALLER SON AUTO-RADIO Hi-Fi

Editions Radio
9, RUE JACOB - 75006 PARIS

Imprimé en France
Imprimerie Berger-Levrault, Nancy

Dépôt légal : 2e trimestre 1978
Éditeur n° 812 - Imprimeur : 778181
I.S.B.N. 2 7091 0812 7

Avant-propos

Naguère considéré comme une sorte de « gadget » réservé aux gens fortunés, ou originaux, l'auto-radio est, de nos jours, totalement entré dans les mœurs.

A tel point, du reste, que les constructeurs d'automobiles non seulement le proposent en option à leurs acheteurs, mais encore le montent parfois d'origine sur certains de leurs véhicules.

Mais, lorsqu'il en est ainsi, il est bien évident que le choix du type d'appareil échappe à peu près totalement à l'usager; lequel, en compensation, se voit toutefois libéré des problèmes que ne manque pas de soulever l'installation d'un auto-radio.

Quoi qu'il en soit, il n'en demeure pas moins vrai que la liberté du choix de son appareil, par le futur utilisateur, est un élément extrêmement motivant pour celui-ci.

De même que la mise en place, à bord du véhicule, des haut-parleurs dont le nombre, les caractéristiques et l'implantation influent grandement sur le confort de l'écoute; tout comme le type de l'antenne adoptée et son montage dont dépend, en définitive, le bon fonctionnement de l'auto-radio.

Ce dont ne tiennent pas toujours compte les installations « standard », dont la formule « passe-partout » est, le plus souvent, à l'origine de nombreux déboires étant donné les solutions par trop hâtives ou simplistes, retenues par certains installateurs, notamment en matière de déparasitage.

Rédigé en tenant compte des divers problèmes que peut soulever le montage des appareils (auto-radio, lecteur magnétique, « booster »...) à bord d'un véhicule, le présent ouvrage aborde d'une manière essentiellement pratique tous les problèmes auxquels peuvent se trouver confrontés ceux qui désirent installer eux-mêmes leur auto-radio dans les meilleurs conditions possibles : c'est-à-dire aussi bien que le feraient des professionnels hautement qualifiés.

PREMIÈRE PARTIE

Le choix des matériels

Jusqu'à une époque relativement peu éloignée, la réception des programmes radio était pratiquement la seule source sonore que l'on pouvait envisager à bord d'un véhicule.

Pour être tout à fait exact, il faut néanmoins rappeler l'existence, relativement éphémère, de certains petits tourne-disques *fonctionnant à 45 tr/mn — plus connus sous le nom de « mange-disques » — et qui, venus des U.S.A., firent, en Europe, une courte apparition.*

Rapidement, en effet, ils furent remplacés par les lecteurs de cartouches *à bande magnétique, défilant à 9,5 cm/s, lesquels, à leur tour, ont pratiquement été supplantés par les* lecteurs de cassettes.

Si bien que, de nos jours, l'automobiliste se voit proposer pratiquement trois types d'appareils distincts : d'une part, l'auto-radio classique; *d'autre part le* lecteur de cassettes *et, enfin, le* « combiné » auto-radio-cassette, *dont nous allons passer rapidement en revue les principales caractéristiques.*

I-1. — LES AUTO-RADIOS

Se distinguant les uns des autres à la fois par le nombre des gammes d'ondes reçues et par les solutions techniques utilisées, les auto-radios peuvent être conçus pour recevoir uniquement les émetteurs à *modulation d'amplitude* (M.A.) ou, au contraire, disposer de circuits permettant également de capter les émetteurs fonctionnant en *modulation de fréquence (M.F.)*.

— Les récepteurs à modulation d'amplitude

Représentant une part importante du marché, les auto-radios à *modulation d'amplitude* (fig. 1-1 et 1-2) sont notamment caractérisés par un prix d'achat relativement modique et une installation assez facile.

Travaillant en monophonie, ils peuvent se contenter d'un seul haut-parleur et assurent généralement dans d'assez bonnes conditions, et dans toute la France, la réception des émetteurs périphériques travaillant en grandes ondes (G.O.) : *France Inter, Europe 1 Luxembourg, Monte-Carlo...*

Fig. 1.1. — Sous leur forme la plus simple, les auto-radios sont uniquement conçu pour recevoir les émetteurs P.O. et G.O., fonctionnant en modulation d'amplitude (Philips).

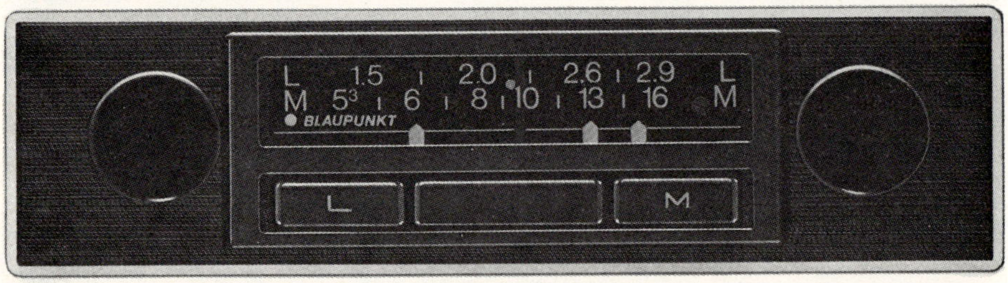

Fig. 1.2. — La sélection des gammes d'ondes s'opère habituellement au moyen de touches à enfoncement (Blaupunkt).

Pour les petites ondes (P.O.), le problème est un peu différent, compte-tenu des puissances sensiblement plus faibles des émetteurs correspondants; lesquels ne peuvent être généralement captés, de jour, que dans un rayon de 100 à 150 km. De nuit, par contre, il en est tout autrement et alors il n'est pas rare de pouvoir recevoir des émetteurs étrangers situés à plusieurs centaines — voire plusieurs milliers — de kilomètres.

Mais, que l'on soit en présence de P.O. (ondes hectométriques) ou de G.O. (ondes kilométriques) un même inconvénient se révèle à l'usage : celui résultant de « l'effet de masque » qui vient sensiblement atténuer — voire supprimer — la réception, dès lors que le véhicule se déplace dans des rues étroites, sous un pont métallique, dans un tunnel, derrière une colline, etc...

Sans compter que, par leur nature même, les émissions en *modulation d'amplitude* sont très sensibles, d'une part aux parasites atmosphériques, d'autre part aux parasites industriels (enseignes lumineuses, moteurs électriques...).

Enfin il est bon de rappeler que, en *modulation d'amplitude*, les émetteurs sont limités sur le plan de la bande passante qui, théoriquement, ne saurait dépasser 4 500 Hz. Ce qui, en d'autres termes, revient à dire qu'il ne faut pas s'attendre, en P.O. et en G.O., à des émissions de haute qualité, ces gammes d'ondes valant davantage pour les émissions parlées que musicales. Remarques qui s'appliquent encore plus aux émetteurs travaillant sur ondes courtes (O.C.) et qui sont surtout intéressants pour leurs très grandes portées, notamment de nuit.

— Les récepteurs à modulation de fréquence

Tout autre est le cas des auto-radios prévus pour les émetteurs à *modulation de fréquence* (fig. 1-3 et 1-4). Travaillant sur ondes décimétriques, ces émetteurs sont principalement caractérisés par une bande passante atteignant 15 000 Hz, laquelle garantit une réelle qualité d'écoute.

Le grand intérêt de ces émetteurs réside dans le fait que les techniques de la *modulation de fréquence* garantissent une réception pratiquement insensible aux parasites électriques signalés plus haut et aux interférences parfois constatées entre émetteurs voisins en fréquence, comme c'est le cas en modulation d'amplitude.

Cela tient notamment à ce que les portées des émetteurs M.F. sont limitées entre 50 et 80 km environ. D'où la nécessité lorsque le véhicule se déplace d'une zone de réception d'un émetteur, à une autre, de changer l'accord de l'auto-radio afin de se régler sur l'émetteur ayant pris le relais du précédent et assurant une réception de meilleur niveau.

En contrepartie de ce léger inconvénient il faut signaler que — à distance convenable d'un émetteur M.F. — « l'effet de masque » constaté en M.A. est, sinon inexistant, du moins très peu marqué.

Fig. 1.3. – Les auto-radios plus évolués permettent de recevoir non seulement les P.O. (M) et les G.O. (L) mais aussi la M.F. (U) et parfois les O.C. (K) (Philips).

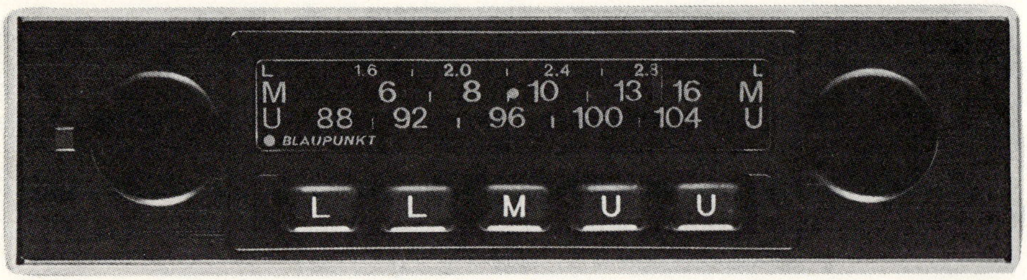

Fig. 1.4. – En général les touches de changement de gammes permettent aussi le préréglage sur plusieurs émetteurs (Blaupunkt).

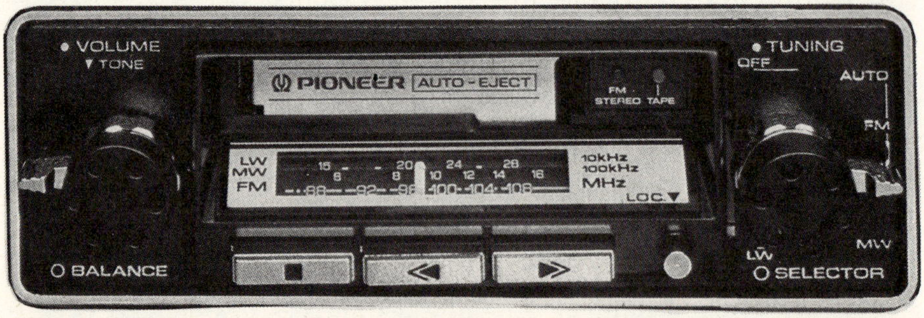

Fig. 1.5. – Les appareils permettant la réception des programmes M.F. stéréophoniques sont habituellement associés à un lecteur de cassettes (Pioneer).

Ce qui permet de conserver le contact avec l'émetteur, même en ville, dans des rues étroites, ou encore sous des ponts métalliques ou des tunnels de faible longueur.

Autre avantage des émissions en *modulation de fréquence*, celles-ci permettent la réception de *programmes stéréophoniques* et donc un agrément d'écoute auquel on ne peut rester insensible.

Mais, cela va sans dire, à la double condition que l'auto-radio utilisé comporte les circuits de décodage correspondants et que le niveau des signaux reçus soit suffisant pour assurer une écoute convenable.

Car en stéréophonie on ne saurait s'accommoder d'un signal de réception de faible niveau, qui serait alors responsable d'un bruit de fond inadmissible, de distorsions indésirables ou encore d'une sensibilité accrue aux parasites provenant soit du circuit d'allumage du véhicule ou encore de ceux d'autres véhicules mal déparasités : cyclomoteurs notamment.

A noter que ces appareils sont habituellement associés à un lecteur de cassettes (fig. 1-5) formule qui se répand de plus en plus.

I-2. — LES LECTEURS DE CASSETTES

Très utilisés en Hi-Fi, les *magnétophones à cassettes* voient souvent leur utilisation prolongée au niveau de la voiture par des lecteurs, intégrés ou non à l'auto-radio (fig. 1-6 et 1-7 a).

Ce dernier cas, en fait, se rencontre beaucoup plus souvent qu'on ne le croit, nombre de possesseurs d'auto-radio se convertissant, par la suite, à la lecture de cassettes pré-enregistrées, ou non, par leurs soins.

Et, de fait, il existe une grande variété de ce que l'on appelle des *lecteurs de cassettes*, « autonomes » pratiquement tous conçus pour la stéréophonie, et dont l'installation s'effectue en parallèle sur l'auto-radio d'origine qui conserve alors son autonomie de fonctionnement (fig. 1-7 b).

Mais, de plus en plus, lors de l'acquisition d'un nouvel équipement, la formule retenue est celle de *l'auto-radio-cassette* (fig. 1-8). Car les progrès technologiques aidant, la compacité de ces appareils est, aujourd'hui, telle qu'ils ne prennent pas plus de place qu'un auto-radio normal. Ce qui n'était pas le cas il y a de cela seulement quelques années, et conduisait à des appareils faits d'éléments séparés, moins aisément logeables.

Reproche fait également aux *lecteurs de cartouches*, utilisant des chargeurs à bande magnétique sans fin, défilant à 9,5 cm/s, mais ne se prêtant pas au repérage des plages enregistrées défilant en continu.

Fig. 1.6. – Lorsque l'on dispose déjà d'un auto-radio, il est possible de le compléter par un lecteur de cassettes indépendant (Gemi).

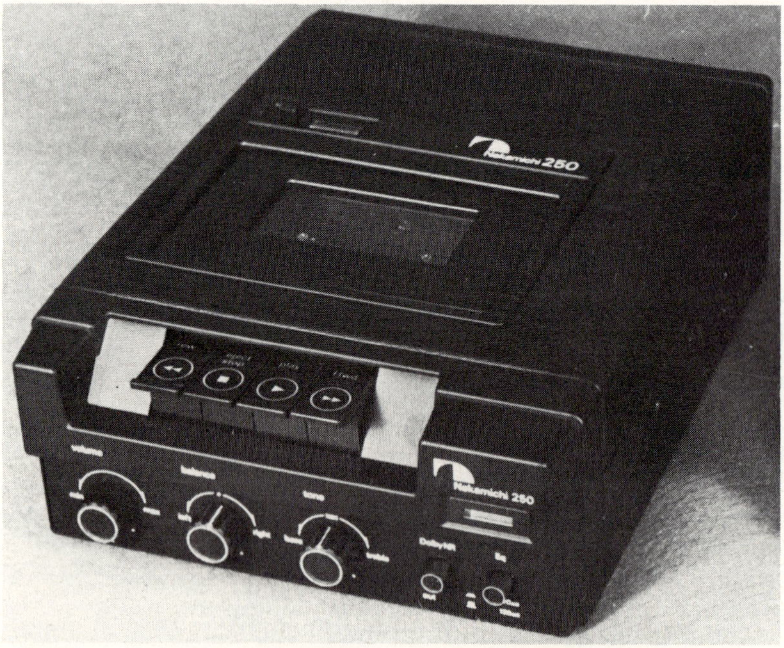

Fig. 1.7a – Certains lecteurs de cassettes sont caractérisés par des performances en tous points comparables à celles des appareils intégrés dans une chaîne Hi-Fi (Nakamichi). (voir aussi photo suivante).

Fig. 1.7 a (suite)

Fig. 1.7 b – Souvent l'on fait appel à des lecteurs de cassettes autonomes que l'on monte en parallèle sur l'auto-radio d'origine et que l'on peut associer à un amplificateur d'appoint (Pioneer).

Fig. 1.8. – La formule de l'auto-radio, comportant un lecteur de cassettes intégré, est, de loin, la plus répandue (Radiola).

Si bien que, malgré certains de leurs avantages (bande passante et dynamique supérieures, manipulation réduite à sa plus simple expression...), les *lecteurs de cartouches* ont maintenant cédé le pas aux *lecteurs de cassettes*, qui, en outre, disposent d'un catalogue d'œuvres pré-enregistrées plus important.

Sans compter que certains appareils à cassettes offrent la possibilité de procéder à des enregistrements à bord même du véhicule (fig. 1-9) : soit à partir des émissions reçues, soit à partir d'un microphone que l'usager peut parfaitement utiliser à cet effet... à condition que le bruit ambiant ne soit pas trop élevé !

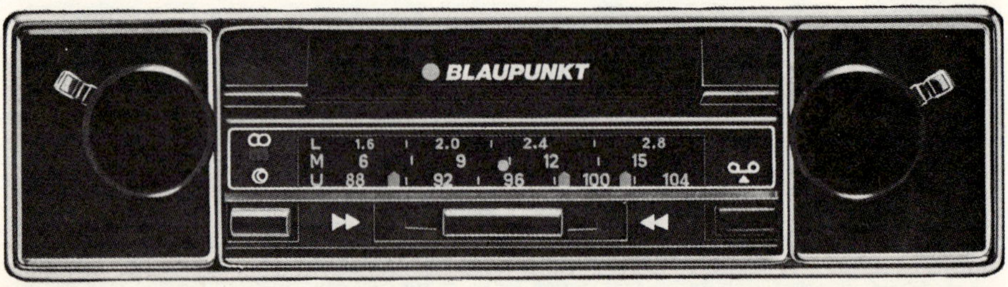

Fig. 1.9. – Certains auto-radios, à lecteur de cassettes, offrent même la possibilité de procéder à des enregistrements à bord du véhicule (Blaupunkt).

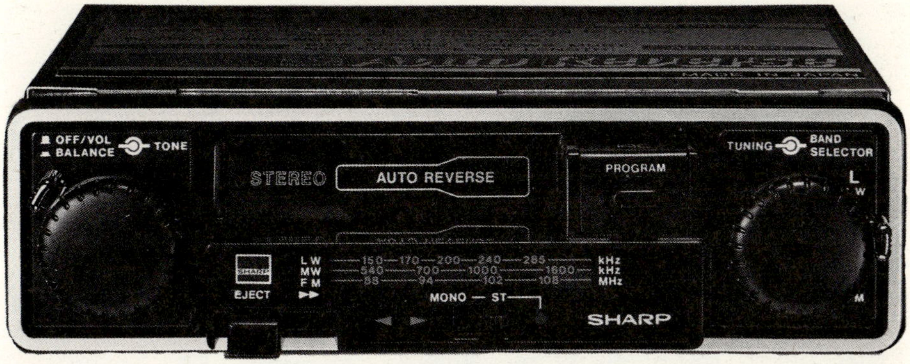

Fig. 1.10. — L'utilisation d'auto-radios à lecteurs de cassettes munis d'un dispositif «auto-reverse» supprime le retournement des cassettes et autorise la lecture de celles-ci en continu (Sharp).

Du point de vue de la commodité d'utilisation, il est certain que les « combinés » *auto-radio-cassettes* présentent un grand intérêt. La plupart sont en effet munis d'un système de commutation automatique intervenant en fin de lecture de la cassette, et branchant dès l'arrêt de la bande, les circuits de l'appareil en réception radio. De la sorte, un « blanc » de modulation prolongé n'est donc pas à craindre.

Ces considérations ont d'ailleurs amené certains constructeurs à prévoir des appareils munis de dispositifs « auto-reverse » (fig. 1-10) assurant automatiquement la lecture des cassettes dans les deux sens de défilement, et permettant, à l'instar des cartouches, une sonorisation du véhicule en continu.

I-3. — LES APPAREILS AUXILIAIRES

En général très peu connus des utilisateurs, les « auxiliaires » de l'auto-radio ne sauraient être passés sous silence. Car il arrive bien souvent que, grâce à leur concours, on puisse se tirer d'une situation pour le moins embarrassante.

Prenons par exemple le cas typique — et assez fréquent — de l'automobiliste disposant déjà d'un auto-radio et appelé à changer de véhicule.

En supposant qu'à l'origine son véhicule — et son auto-radio — soient conçus pour une installation électrique de 6 V, un problème va évidemment se poser si son nouveau véhicule est prévu pour 12 V.

L'inverse est également vrai et l'on peut parfaitement avoir à résoudre le transfert d'un auto-radio conçu pour une tension de 12 V sur un véhicule disposant d'une batterie de 6 V.

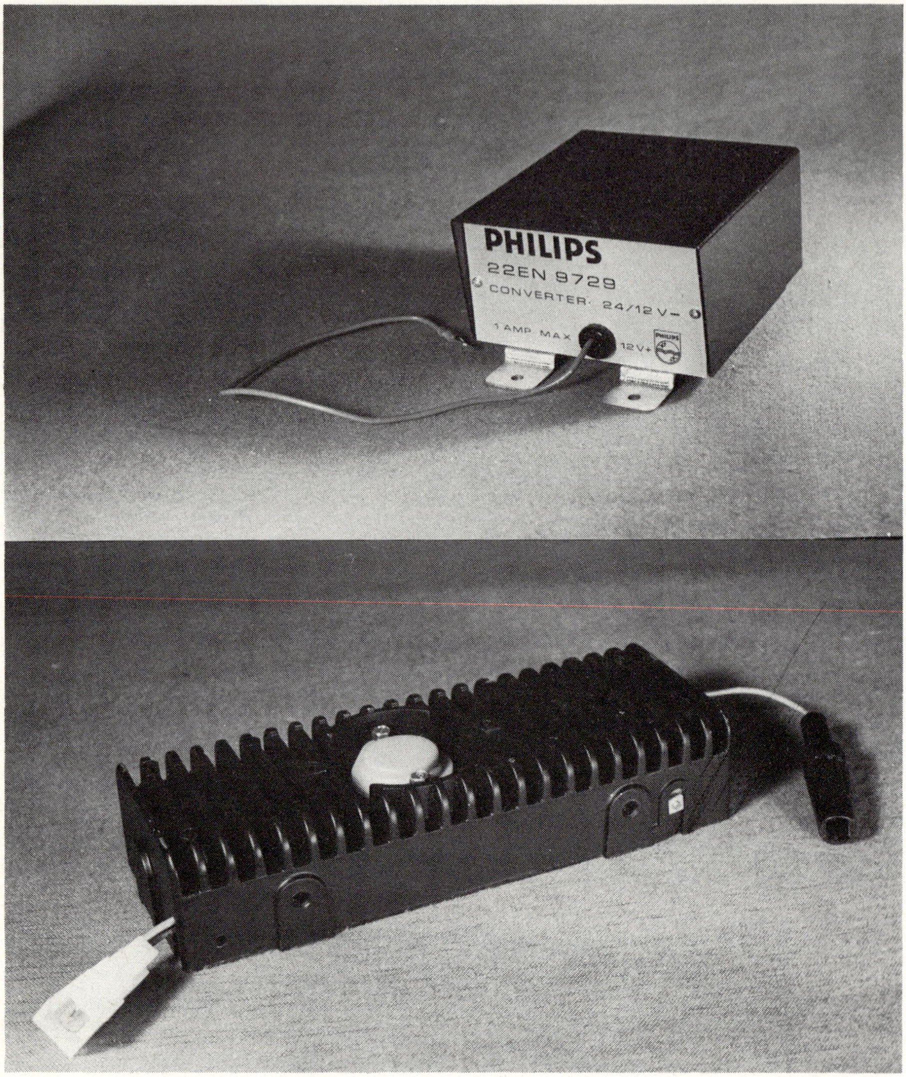

Fig. 1.11. – Diviseurs de tension 24 V/12 V destinés à l'alimentation d'un auto-radio 12 V sur une batterie 24 V (Philips, Blaupunkt).

Contrairement à ce que l'on pourrait croire ce double problème n'est nullement insoluble. Il suffit pour cela d'avoir à sa disposition deux « auxiliaires » conçus pour cet usage : c'est-à-dire un « diviseur de tension » (fig. 1-11) pour alimenter sur une batterie de 12 V (ou 24 V) l'auto-radio prévu pour 6 V (ou 12 V); et un « élévateur de tension » (fig. 1-12) pour alimenter sur une batterie de 6 V, un auto-radio conçu pour fonctionner sur 12 V.

Tous les constructeurs d'une certaine importance ont généralement à leur catalogue ce genre d'appareils; lesquels sont du reste parfaitement compatibles d'une marque à l'autre, dès lors que les tensions mises en jeu (12/6 V; 24/12 V ou 6/12 V) et les intensités requises par le fonctionnement des auto-radios sont en harmonie.

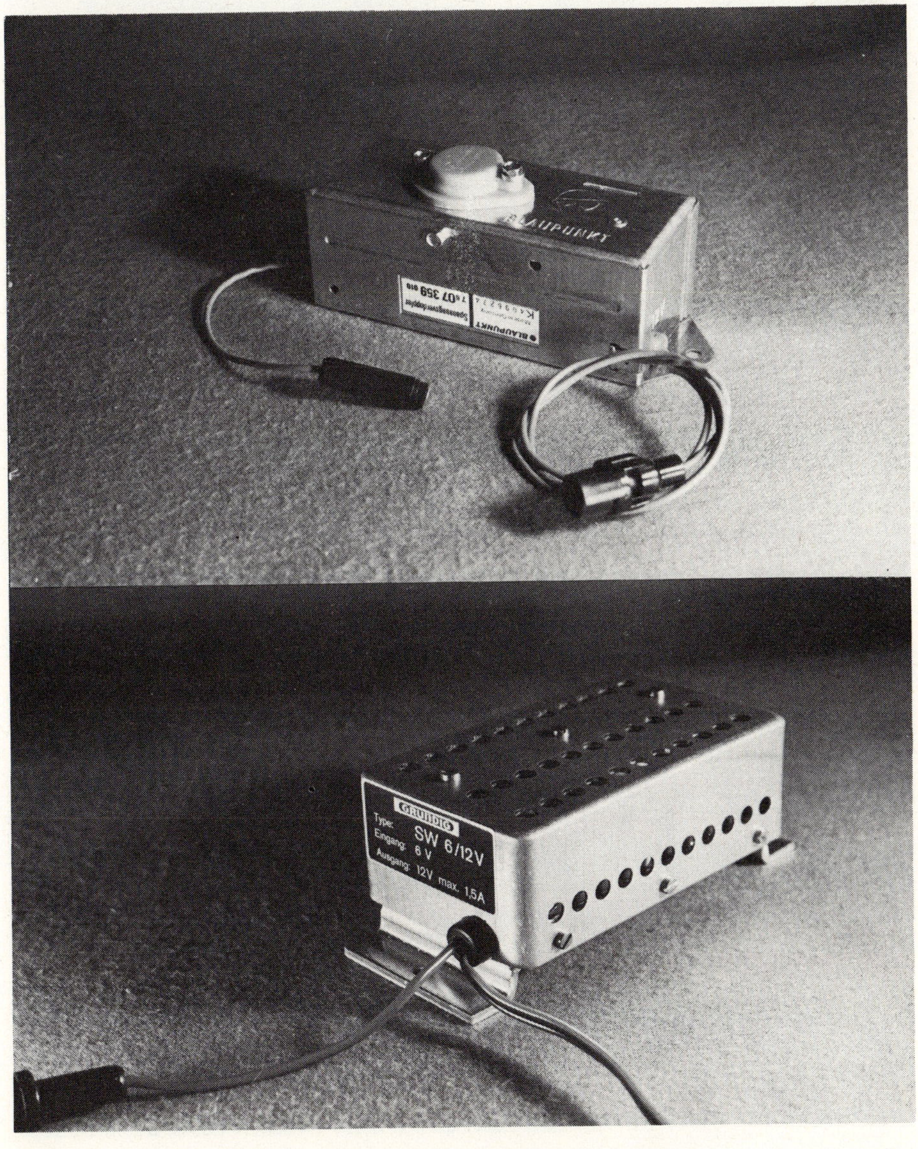

Fig. 1.12. — Elévateurs de tension 6 V/12 V permettant le fonctionnement d'un auto-radio prévu pour 12 V, sur un véhicule alimenté en 6 V (Blaupunkt, Grundig).

Autre auxiliaire également très utile, l'amplificateur d'appoint, ou « booster » (fig. 1-13) trouve son emploi dans bien des cas. Notamment lorsque la puissance modulée délivrée par l'auto-radio s'avère insuffisante.

Fig. 1.13 a – L'amplificateur d'appoint ou «booster» permet de renforcer la puissance de sortie un peu trop «juste» d'un auto-radio (Pioneer).

Fig. 1.13 b – Un «booster» s'impose quand le lecteur de cassettes utilisé est dépourvu d'amplificateur de puissance (Pioneer).

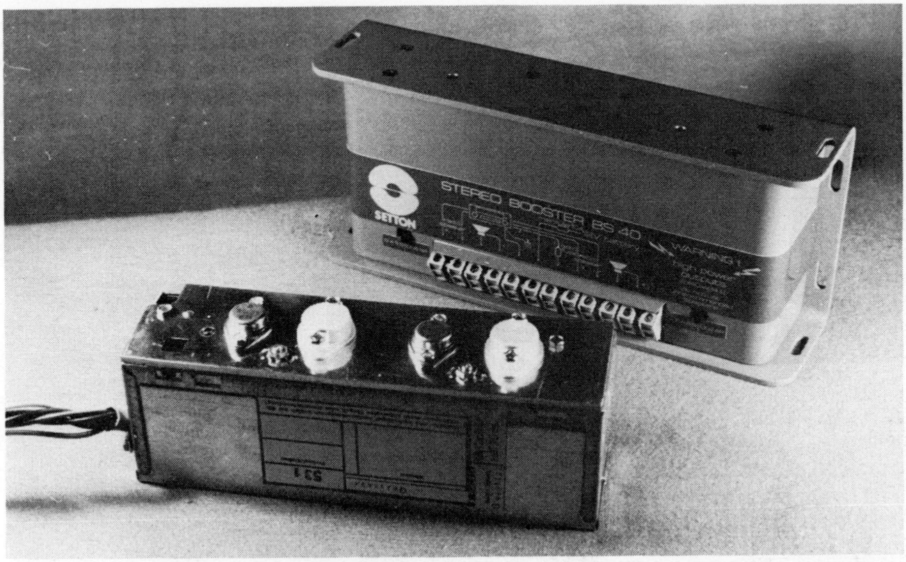

Fig. 1.14. – Amplificateur d'appoint de forte puissance (40 W) pour sonorisations «difficiles» (Setton), et Amplificateur d'appoint de moyenne puissance (5 W) pour auto-radio (Blaupunkt).

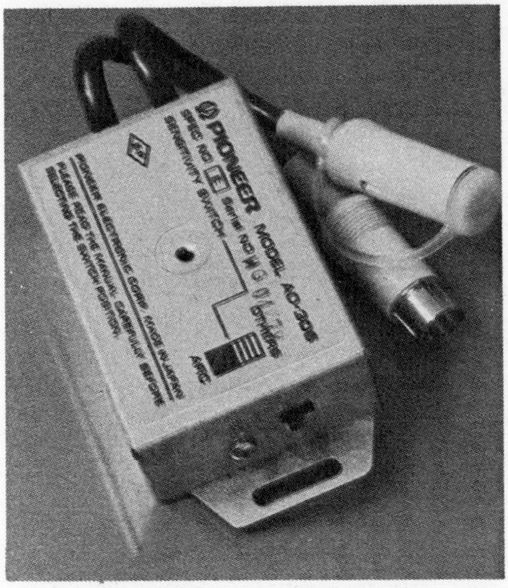

Fig. 1.15. – Boîtier d'antiparasitage prévue pour être adjoint aux auto-radios conçus à cet effet (Pioneer).

En général celle-ci oscille entre 3 et 5 W. Ce qui peut se révèler un peu juste à l'usage, notamment dans le cas d'un véhicule décapotable, ou lorsque l'on roule à vitesse élevée, les vitres baissées.

Dans ce cas l'emploi d'un « booster » est évidemment tout indiqué, de tels appareils (fig. 1-14) étant en mesure de fournir une puissance modulée s'étageant entre 6 et 40 W ! Soit plus qu'il n'en faut pour couvrir un bruit ambiant un peu élevé.

Lequel ne doit pas être confondu avec celui résultant d'un déparasitage insuffisant du circuit d'allumage, principalement sensible sur la gamme M.F. et dont la réduction peut, en général, être obtenue au moyen de circuits électroniques annexes venant s'adjoindre à l'auto-radio au moyen de prises de raccordement prévues à cet effet par le constructeur (fig. 1-15).

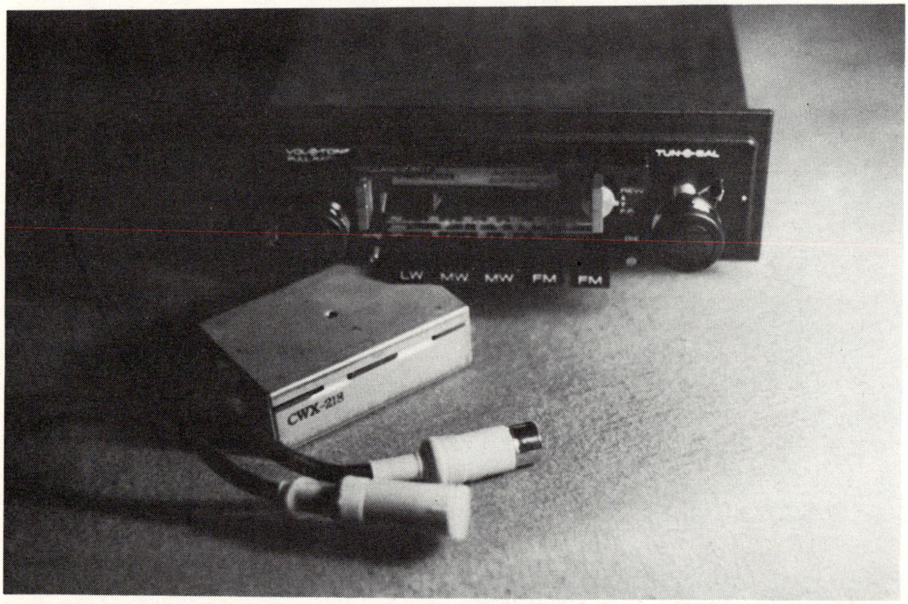

Fig. 1.16. – Certains circuits annexes permettent, par simple enfichage, d'améliorer le confort d'écoute en coupant, par exemple, la modulation lorsque le niveau de bruits parasites dépasse un certain seuil (Pioneer).

Habituellement, du reste, de tels circuits sont également conçus pour opérer le passage automatique de « stéréo » en « mono », en cas de réception difficile; en outre, certains de ces dispositifs assurent en plus la coupure automatique de la modulation lorsque le niveau de bruit dépasse un certain seuil : ce qui se produit notamment lors de la recherche des stations en M.F. (fig. 1-16).

En fait il s'agit là de circuits dits de « muting » adaptables, dont l'utilisation est très répandue sur les tuners des chaînes Hi-Fi, et qui sont donc proposés en option sur certains auto-radios.

I-4. — LES CRITÈRES DU CHOIX

Compte tenu du peu d'efficacité des antennes utilisées sur les auto-radios, liée à leurs faibles dimensions mécaniques, il importe d'orienter tout d'abord le choix de l'auto-radio en fonction de la *sensibilité* utilisable de l'appareil, qui doit être aussi grande que possible.

Exprimée en microvolts (μV) celle-ci varie en fonction des gammes de réception et est d'autant meilleure que le chiffre fourni par le constructeur pour un rapport signal/bruit donné, mesuré en décibels (dB), *est faible.*

A titre indicatif précisons que, pour une bonne réception, un auto-radio doit être caractérisé, sur la gamme P.O. par une sensibilité de l'ordre de 10 à 15 μV; en G.O. il faut compter sur 50 à 100 μV; dans le cas, assez rare, où l'appareil comporte une ou plusieurs gammes O.C., il faut disposer sur celle-ci d'une sensibilité de l'ordre de 5 μV . Quant à la gamme M.F. elle requiert une sensibilité comprise entre 1,5 et 3 μV.

Après la sensibilité, la *sélectivité* — ou aptitude de l'appareil à séparer deux émetteurs voisins en fréquence — doit également retenir l'attention.

Selon le cas elle se définit :

— soit par la *largeur de bande passante* (exprimée en kilohertz : kHz); en principe on table sur 7 à 9 kHz en M.A. et sur 200 kHz environ en M.F.;

— soit par la *réjection de la fréquence image* (exprimée en décibels : dB); on compte habituellement sur 40 à 50 dB en G.O., 50 à 55 dB en P.O. et en O.C. et 60 à 65 dB en M.F.

Pour les réceptions en stéréophonie (possibles uniquement sur certains émetteurs de la gamme M.F.) la notion de *séparation des canaux* ou — *diaphonie* — est également à prendre en considération. Moins grand est le taux de diaphonie et meilleure sera la séparation des informations sonores transmises sur les voies gauche et droite.

Pour un auto-radio de qualité, la valeur du taux de diaphonie — qui s'exprime en décibels (dB), précédés du signe moins (−) — doit être de l'ordre de −30 à −35 dB, une valeur inférieure (−25 ou −20 dB) étant caractéristique d'une séparation insuffisante.

La *puissance modulée* que doit être en mesure de fournir un auto-radio est une caractéristique qu'il convient de ne pas oublier. Ne serait-ce que parce qu'un auto-radio est appelé à fonctionner dans un milieu relativement bruyant.

Trop souvent les auto-radio — surtout les appareils prévus pour la « mono » — ne disposent pas d'une réserve de puissance suffisante.

En pratique il faut en effet compter sur 2 à 3 W au minimum, une puissance inférieure risquant de s'avérer un peu juste sur certains véhicules insuffisamment insonorisés ou dont le moteur est par trop sollicité par le conducteur.

D'une façon générale une puissance de 4 W semble une valeur satisfaisante dans la plupart des cas et notamment si l'on se place du point de vue du taux de distorsion; lequel est forcément moins important sur un appareil que l'on exploite en deçà de ses possibilités, et ne doit pas en principe être supérieur à 0,5 %, si l'on veut obtenir une écoute de qualité.

Dans le cas des lecteurs de cassettes, intégrés ou non à l'auto-radio, deux caractéristiques doivent retenir l'attention. Il s'agit d'une part, du *taux de pleurage et de scintillement* dont la valeur maximale ne doit pas dépasser 0,3 %; d'autre part, de la *réponse amplitude/fréquence* qui doit permettre de restituer avec une variation maximale de ±2 dB les signaux sonores compris entre 40 Hz et 10 000 Hz, ou mieux, entre 40 Hz et 12 000 Hz : performances qui sont aujourd'hui atteintes par la plupart des appareils du marché et même dépassées par certaines réalisations « haut de gamme ».

Il va sans dire que, dans ce dernier cas, le choix des haut-parleurs doit être effectué en conséquence — et notamment du

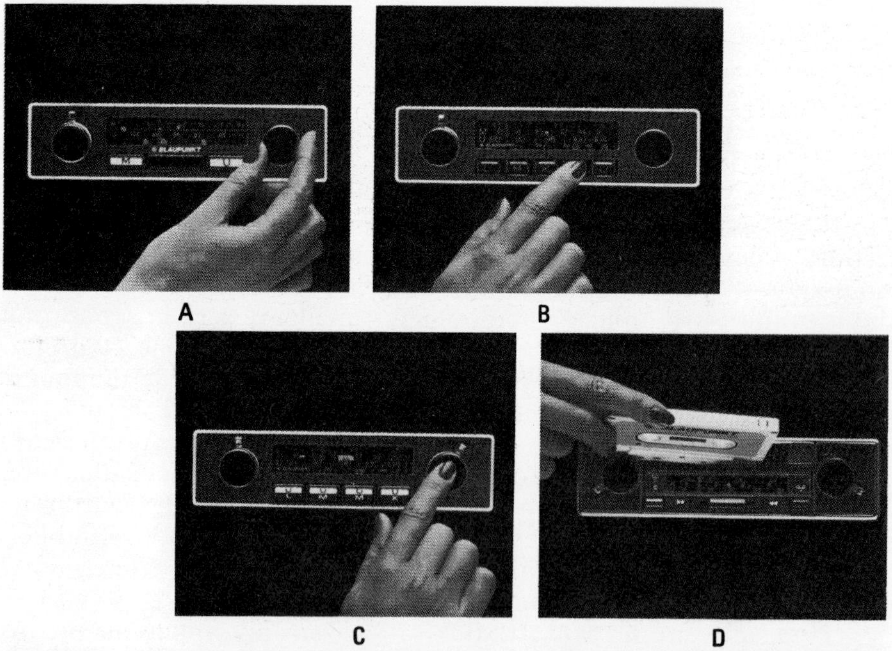

Fig. 1.17. – Le choix d'un auto-radio peut être conditionné de bien des manières. Ainsi, on peut préférer un appareil muni d'un dispositif de recherche manuelle des stations (A), pourvu de touche de présélection (B), muni d'un système de recherche automatique (C), ou encore disposant d'un lecteur de cassettes intégré (D).

Fig. 1.18. — Si l'on est intéressé par la réception des gammes d'ondes courtes, un adaptateur O.C. constitue une excellente solution (Grundig).

Fig. 1.19. — Certains auto-radios «up to date» comportent un dispositif d'affichage numérique, lumineux, des fréquences reçues (Hitachi).

point de vue de la *bande passante* — car il est alors évident que la recherche d'une écoute de qualité devenant primordiale, il importe de mettre tous les atouts de son côté.

Pour le reste, les goûts et les rêves de chacun ont « carte blanche » (fig. 1-17). Ainsi on pourra fort bien orienter son choix vers un auto-radio muni de dispositif de *recherche manuelle ou automatique de stations*, se laisser tenter par un appareil à lecteur de cassettes ou associé avec un *adaptateur ondes courtes* (fig. 1-18) ou muni d'un dispositif d'*affichage digital des fréquences* (fig. 1-19), arrêter son choix sur un lecteur *auto-reverse*, préférer un modèle

Fig. 1.20. – La présence de touches de présélection, réglables au gré de l'utilisateur est un facteur d'agrément non négligeable (Pioneer).

Fig. 1.21. – Certains appareils sont munis de touches de présélection, préréglés en usine (Philips).

permettant de procéder à des *enregistrements* ou encore équipé de circuits spéciaux permettant la présélection des stations (fig. 1-20 1-21) ou l'*écoute automatique des messages routiers* (système actuellement en service en Allemagne Fédérale). Toutes choses qui, certes, ne sont pas indispensables au bon fonctionnement d'un autoradio mais contribuent néanmoins, et de façon non négligeable, à ce qu'il est commun d'appeler le confort de l'utilisateur et que l'on aurait bien tort de négliger.

CRITERES DE CHOIX D'UN AUTO-RADIO			
	Caractéristiques principales	**Minimum ou maximum acceptable**	**Performance supérieure**
Section «radio»	Sensibilité (S/B = 30 dB) O.C.	10μV min.	5μV min.
	P.O.	15μV min.	10μV min.
	G.O.	100μV min.	50μV min.
	M.F.	3μV min.	1,5μV min.
	Réjection fréquence image O.C.	50 dB min.	55 dB min.
	P.O.	50 dB min.	55 dB min.
	G.O.	45 dB min.	50 dB min.
	M.F.	60 dB min.	65 dB min.
	Taux de diaphonie (MF)	– 25 dB min.	– 35 dB min.
Section «audio»	Puissance modulée continue	3 W min.	5 W min.
	Taux de distorsion harmonique	0,5 % max.	0,2 % max.
	Rapport signal/bruit	60 dB min.	70 dB min.
Section «cassette»	Taux de pleurage et de scintillement	± 0,3 % max.	± 0,2 % max.
	Bande passante	40 à 10 000 Hz à ± 2 dB max.	40 à 12 000 Hz à ± 2 dB max.
	Précision de la vitesse	± 1 % max.	± 0,5 % max.

DEUXIEME PARTIE

Le montage et l'installation

Le seul fait de disposer d'un auto-radio ne suffit pas à lui donner vie. Il faut, pour cela, procéder à son montage et à son installation sur le véhicule auquel il est destiné.

Ce qui suppose la fixation de l'auto-radio sur un support convenable, l'installation de l'antenne et des haut-parleurs, puis, pour terminer, le raccordement de l'appareil à la source d'alimentation.

II-1. — MONTAGE DE L'AUTO-RADIO

Avant toute chose il faut choisir un montage adapté au type de véhicule utilisé, tenant compte notamment des particularités de ce dernier ou de ses préférences personnelles. Habituellement trois possibilités sont offertes :

— Montage sous le tableau de bord

Simple et rapide, ce genre d'installation nécessite l'emploi d'équerres de fixation ou d'une platine de montage abritant le plus souvent le haut-parleur associé à l'auto-radio (fig. 2-1 et 2-2). C'est le montage idéal pour les gens pressés qui ne tiennent pas à aménager un emplacement dans leur tableau de bord et qui se contentent d'une installation « mono ».

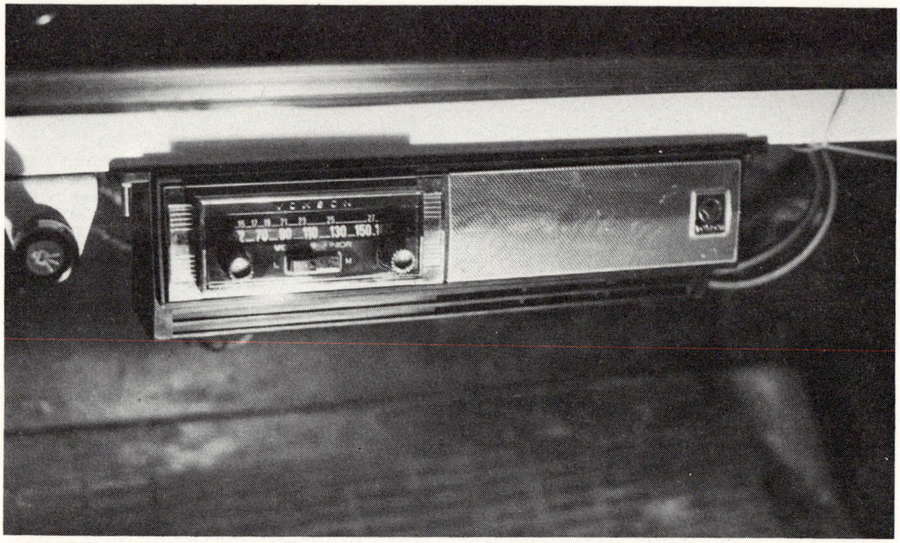

Fig. 2.1. – Le montage sous le tableau de bord est grandement facilité par un berceau de fixation comprenant habituellement un haut-parleur intégré (Voxson).

Fig. 2.2. – Variante de montage sous le tableau de bord mettant en œuvre un coffret personnalisé en fonction du véhicule et abritant également le haut-parleur (Blaupunkt).

— Montage en console

Fort répandu ce type de montage est en général très apprécié car il est assez rapide à mettre en œuvre et permet de personnaliser le véhicule (fig. 2-3 et 2-4). Tous les marchands d'accessoires-auto disposant de consoles adaptées aux principaux véhicules du marché, un tel montage ne soulève guère de difficultés d'ordre pratique : il peut seulement réduire un peu la place disponible à l'avant et au centre de la voiture.

Fig. 2.3. — Le montage en console est parfois prévu d'origine par le constructeur du véhicule (Blaupunkt).

Fig. 2.4. — Le plus souvent, le montage en console se fait à partir d'accessoires conçus pour le véhicule (Blaupunkt).

— Montage encastré

Assez délicat à réaliser quand il se fait dans le tableau de bord (fig. 2-5), où l'on ne dispose pas toujours de toute la place suffisante (notamment pour certains auto-radio-cassettes), le montage encastré peut, par certaines de ses variantes, s'avérer plus simple et rappeler le montage en console. Notamment quand le constructeur a prévu

Fig. 2.5. — Le montage encastré est, de loin, le plus rationnel mais parfois délicat en raison du peu de place disponible (Blaupunkt).

Fig. 2.6 a — Sur bon nombre de véhicules, le pontet central comporte un emplacement pour le montage de l'auto-radio (Blaupunkt).

Fig. 2.6 b – La conception de certains véhicules prévoit le montage de l'auto-radio dans la gaine de passage séparant les deux sièges avant (Blaupunkt).

d'origine un emplacement *ad hoc* dans le pontet central (fig. 2-6 a) ou dans le passage gaînant l'arbre de transmission ou certaines des commandes du véhicule (fig. 2-6 b).

Quelle que soit la formule retenue, le montage définitif de l'auto-radio à son emplacement doit évidemment être précédé de son raccordement à l'antenne, ainsi qu'au circuit électrique de la voiture : lequel rappelons-le, ne devra s'effectuer qu'en dernier, une fois tous les autres branchements réalisés et notamment les liaisons aux haut-parleurs.

Parmi les branchements à effectuer, il en est un qui doit être très soigneusement réalisé : il s'agit notamment de la prise de masse reliant le châssis de l'auto-radio à la carrosserie du véhicule. Connexion qui doit être particulièrement bien exécutée lorsque — comme c'est souvent le cas — l'auto-radio est monté dans une console ou intégré dans un tableau de bord non métallique.

II-2. — CHOIX, EMPLACEMENT ET POSE DE L'ANTENNE

On n'insistera jamais assez sur le soin qui doit présider au choix de l'antenne d'un auto-radio et, surtout, à son installation. Car celle-ci conditionne en effet pour une grande part la sensibilité de l'appareil à l'égard des émetteurs captés mais également à l'égard des parasites crées à bord du véhicule; plus particulièrement ceux engendrés pai le système d'allumage.

D'où l'obligation de respecter les règles suivantes :

— fixation de l'antenne *à l'opposé* du système d'allumage (bobine, distributeur...);

— passage du câble d'antenne *en dehors* du compartiment moteur;

— réalisation d'un *excellent contact électrique* entre le capot-moteur et le châssis du véhicule.

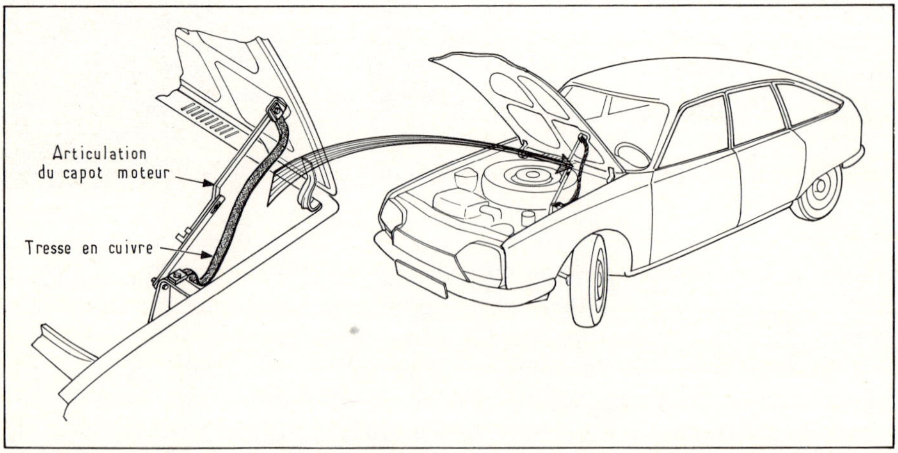

Fig. 2.7 a — Principe de la mise à la masse du capot-moteur au moyen d'une tresse en cuivre.

Illustrée par les dessins de la figure 2-7 a, la mise à la masse du capot-moteur au moyen d'une tresse en cuivre (fig. 2-7 b) est en effet indispensable si l'on veut supprimer le rayonnement des parasites du circuit d'allumage vers l'antenne de l'auto-radio; car c'est effectivement la seule façon de permettre au capot de jouer son rôle de blindage et de contenir les parasites émanant du moteur (fig. 2-8).

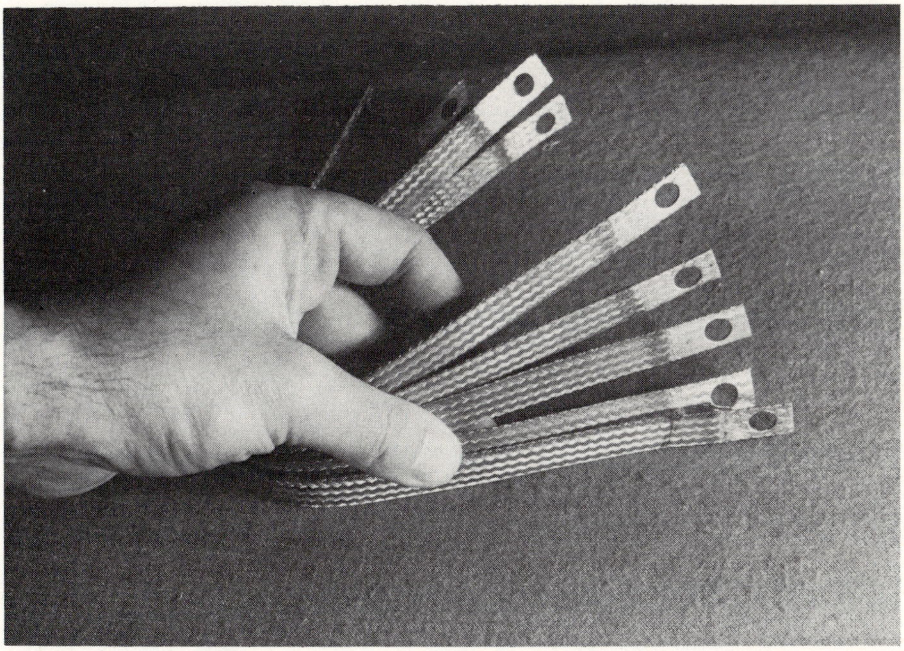

Fig. 2.7 b. – Jeu de tresses en cuivre pour réalisation de contacts de masse (Philips).

De même, il y a lieu d'assurer un contact de masse parfait entre l'embase métallique de l'antenne — à laquelle est relié le blindage du câble de liaison — et la carrosserie et à améliorer (notamment pour les antennes d'aile) le contact électrique entre ces dernières et le châssis du véhicule, en utilisant cette fois encore des tresses conductrices.

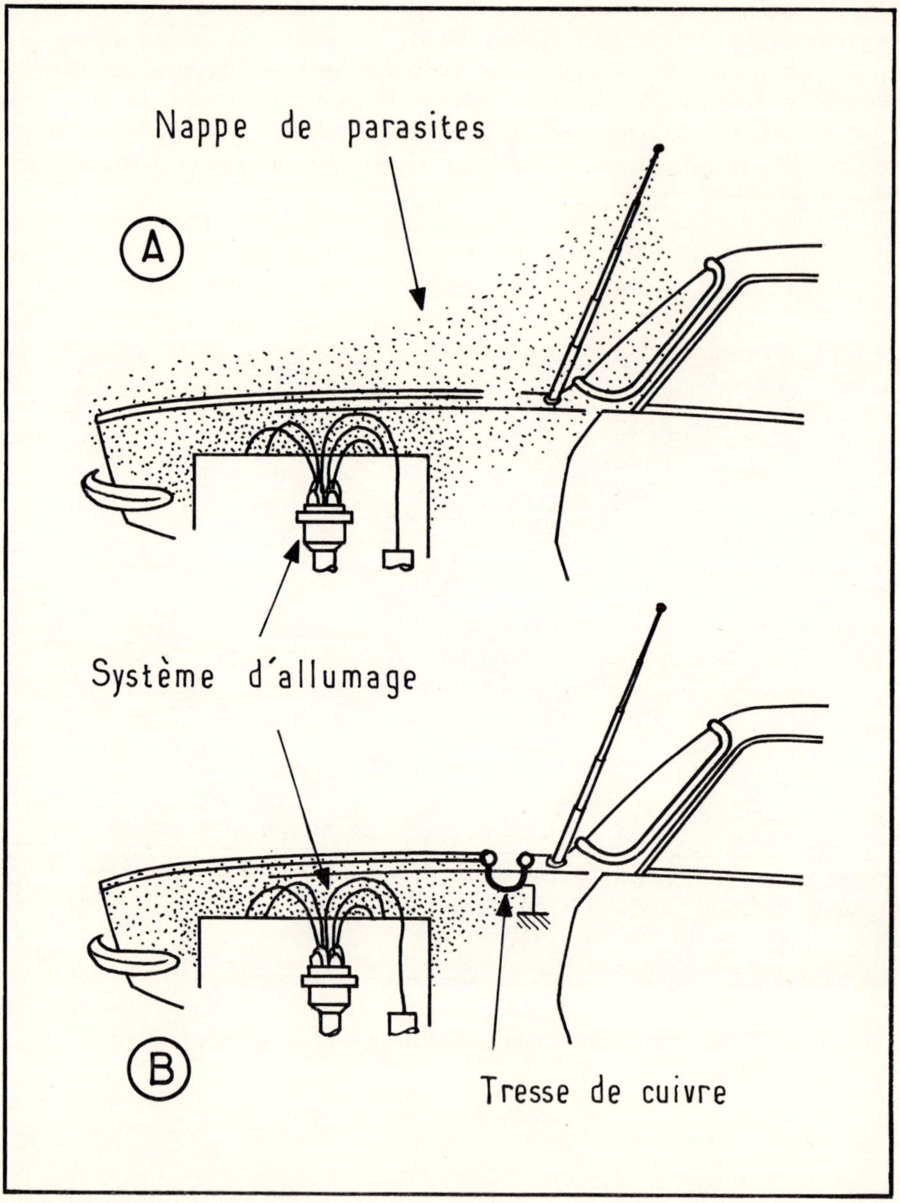

Fig. 2.8. – Une mauvaise mise à la masse du capot-moteur permet à la nappe de parasites - engendrée par le système d'allumage - d'atteindre l'antenne de réception (A). L'emploi d'une tresse métallique permet au capot-moteur de jouer son rôle de blindage et de contenir les parasites émanant du système d'allumage (B).

— Principales caractéristiques des antennes

Toujours à propos des antennes d'auto-radio un certain nombre de notions doivent être précisées qui aideront au choix de l'antenne. Ainsi il est bon d'opérer la distinction entre la *hauteur relative* (Hr), la *hauteur au-dessus du sol* (Hs) et la *hauteur effective* (He) d'une antenne.

Nous y serons notamment aidés par les dessins de la figure 2-9 qui montrent les différences existant entre les *hauteurs au-dessus du sol* (Hs_1 et Hs_2) de deux antennes de même *hauteur relative* (Hr_2 et Hr_1) mais respectivement montées sur le pavillon (fig. 2-9 a) et sur l'aile (fig. 2-9 b) d'un même véhicule.

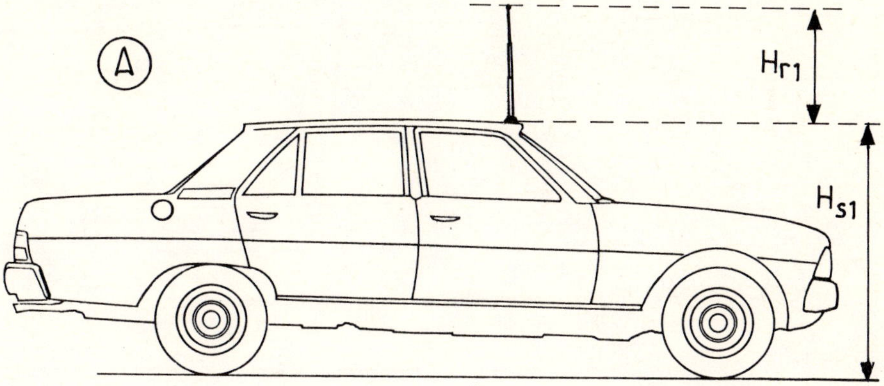

Fig. 2.9 a

Fig. 2.9 b

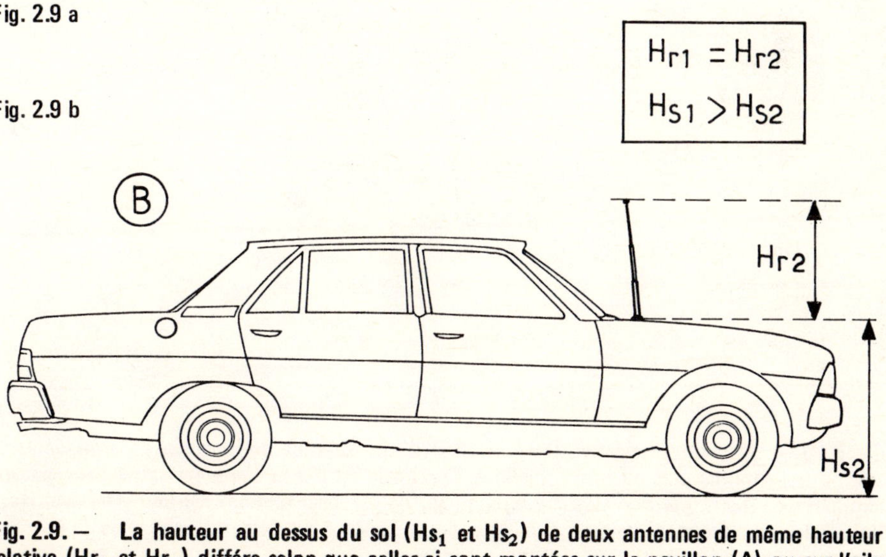

Fig. 2.9. — La hauteur au dessus du sol (Hs_1 et Hs_2) de deux antennes de même hauteur relative (Hr_1 et Hr_2) diffère selon que celles-ci sont montées sur le pavillon (A) ou sur l'aile (B) d'un même véhicule.

Avec les dessins de la figure 2-10, nous voyons notamment comment la *hauteur relative* d'une antenne d'une longueur déterminée, montée sur le pavillon d'unvéhicule, peut effectivement diminuer selon que l'antenne est plus ou moins inclinée. Ainsi, maximale en A, (Hr_1), la *hauteur relative* de l'antenne passe par un minimum en B, (Hr_2) et par une valeur moyenne en C (Hr_3). A noter que la *hauteur effective* (He_1, He_2, He_3) de l'antenne est fonction, à la fois, de sa *hauteur au-dessus du sol*, mais également de sa *hauteur relative* qui dépend de son inclinaison.

A ce propos précisons que l'inclinaison de 45° donnée à l'antenne représentée figure 2-10 c ne correspond nullement à des considérations d'aérodynamisme comme cela est le cas figure 2-10 b !

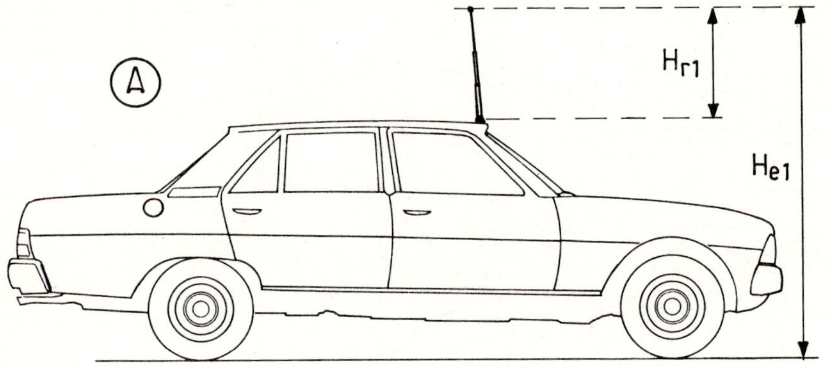

Fig. 2.10 a

Hr1 > Hr3 > Hr2

He1 > He3 > He2

Fig. 2.10 b

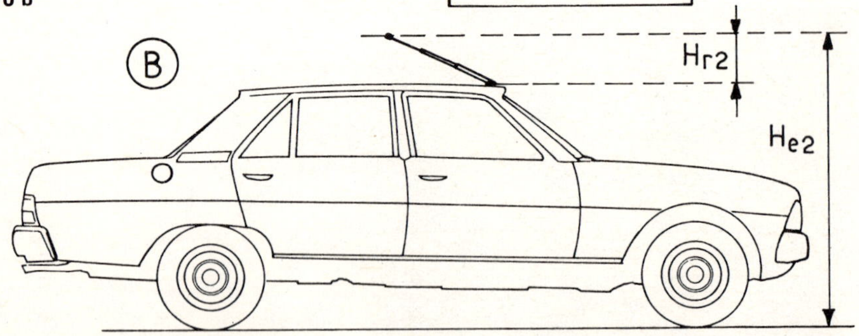

Fig. 2.10. – La hauteur relative (Hr_1 et Hr_2) d'une antenne de longueur déterminée varie selon que l'antenne plus ou moins inclinée. Maximale en (A) la hauteur relative passe par un minimum en (C) et par une valeur moyenne en (B). On notera que la hauteur effective (He_1, He_2, He_3) de l'antenne dépend, à la fois, de sa hauteur au dessus du sol et de sa hauteur relative. Pour des raisons faciles à comprendre le rendement d'une antenne est d'autant meilleur que sa hauteur effective est grande.

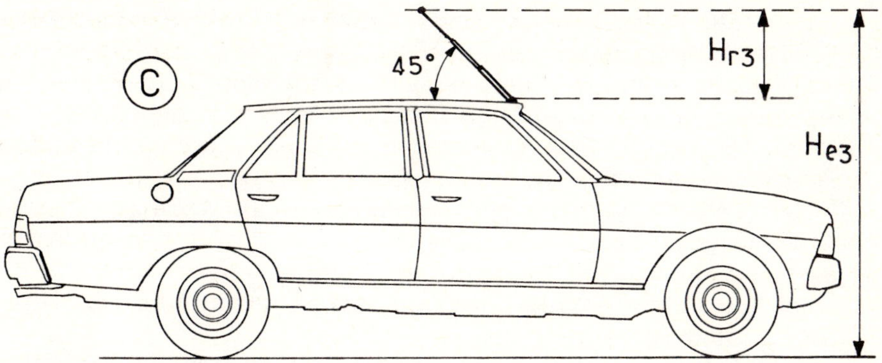

Fig. 2.10 c

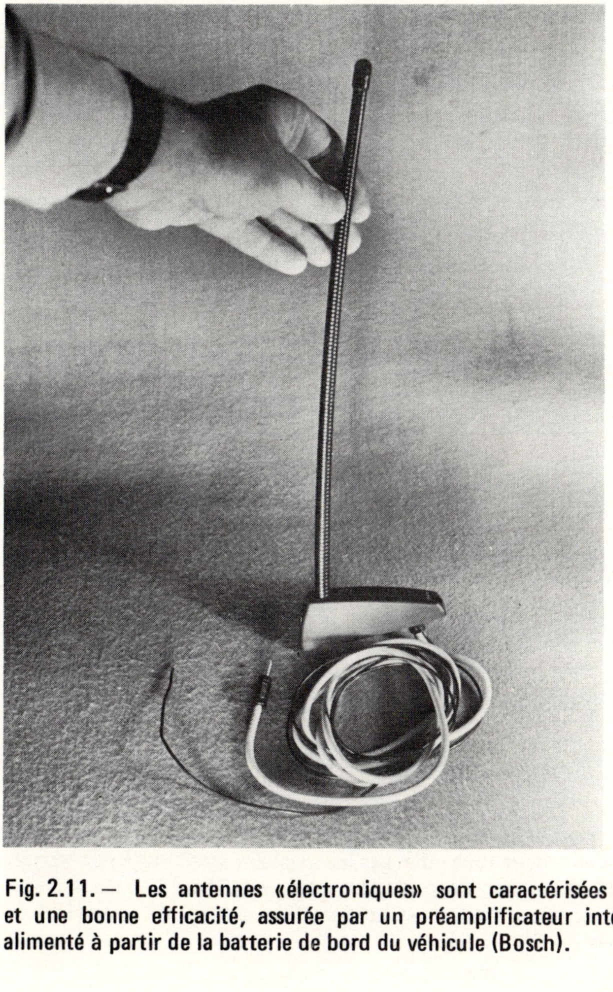

Fig. 2.11. – Les antennes «électroniques» sont caractérisées par un faible encombrement et une bonne efficacité, assurée par un préamplificateur intégré au socle, et devant être alimenté à partir de la batterie de bord du véhicule (Bosch).

Une telle inclinaison se justifie par le fait que, sur un auto-radio M.A./M.F., l'antenne devant servir à la fois à la réception des ondes *modulées en amplitude* (polarisées verticalement) et à celle des ondes *modulées en fréquence* (polarisées horizontalement), la disposition à 45° permet de conserver à cette dernière un rendement satisfaisant tant en M.A. qu'en M.F.

Rendement qui peut être sensiblement amélioré par l'utilisation d'une antenne « électronique », comportant un amplificateur intégré (fig. 2-11) et permettant de gagner environ 8 dB en M.A. (P.O. et G.O.) et 6 dB en M.F. par rapport à une antenne « classique » d'une longueur de 1 m.

Résultats qui s'expliquent par l'accroissement fictif et simultané de la *hauteur relative* (soit Hr_2) et de la *hauteur effective* (soit He_2) de l'antenne originelle (A) correspondant à l'antenne équivalente représentée en (A').

— Les différents types d'implantation

Lorsque vient le moment de procéder à l'installation de l'antenne, diverses implantations peuvent être retenues, plus ou moins esthétiques et plus ou moins efficaces.

Ces diverses possibilités sont illustrées par les dessins des figures 2-13 à 2-16 correspondant aux cas les plus courants rencontrés en pratique.

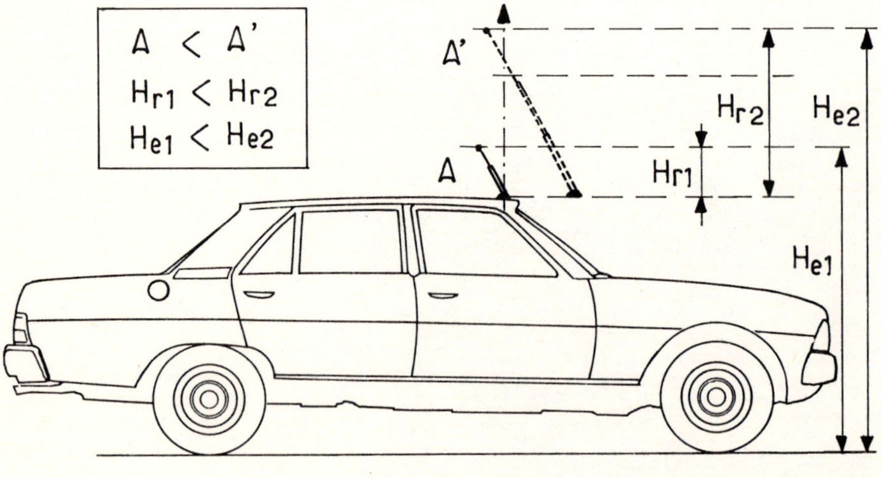

Fig. 2.12. — Les préamplificateurs dont sont pourvues les antennes «électroniques» accroissent fictivement la hauteur relative (Hr_1) ainsi que la hauteur effective (He_1) de l'antenne originelle (A), dont la hauteur relative (Hr_2) et la hauteur effective (He_2) résultantes correspondent à l'antenne équivalente (A').

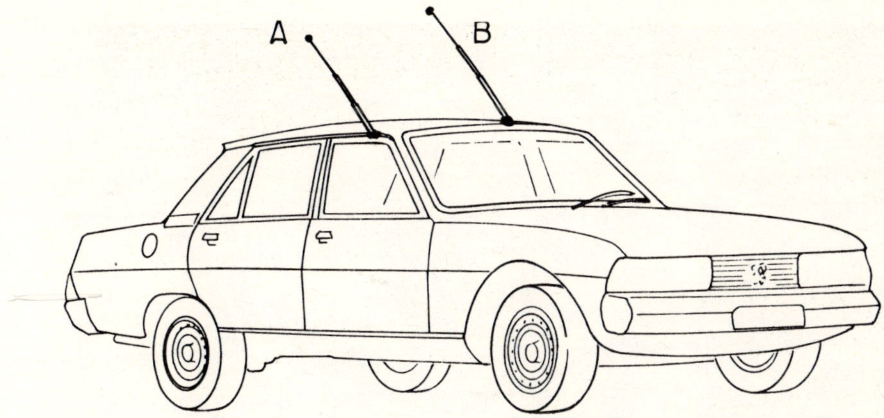

Fig. 2.13. – L'antenne de gouttière (A) possède une bonne efficacité et est très facile à installer. On lui préfère généralement l'antenne de pavillon (B), plus délicate à monter, mais dont l'esthétique n'attire pas de critiques.

Ainsi la formule de l'antenne *de gouttière* (A) représentée figure 2-13 a, à son actif, une évidente simplicité de montage — puisqu'il n'y a aucun trou de fixation à percer — ainsi qu'une bonne efficacité.

Son esthétique, toutefois, est discutable; ce qui n'est pas le cas de l'antenne *de pavillon* (B) dont le montage (fig. 2-13) est facilité sur les véhicules disposant d'un guide pour le passage du câble d'antenne. Assez peu sensible, de même que la précédente, aux parasites émanant du circuit d'allumage, elle peut être, selon les modèles, du type monobrin ou semi-télescopique.

Légérement moins efficaces que les précédentes, les antennes *d'aile* peuvent être installées à l'avant (fig. 2-14) ou à l'arrière (fig. 2-14) du véhicule.

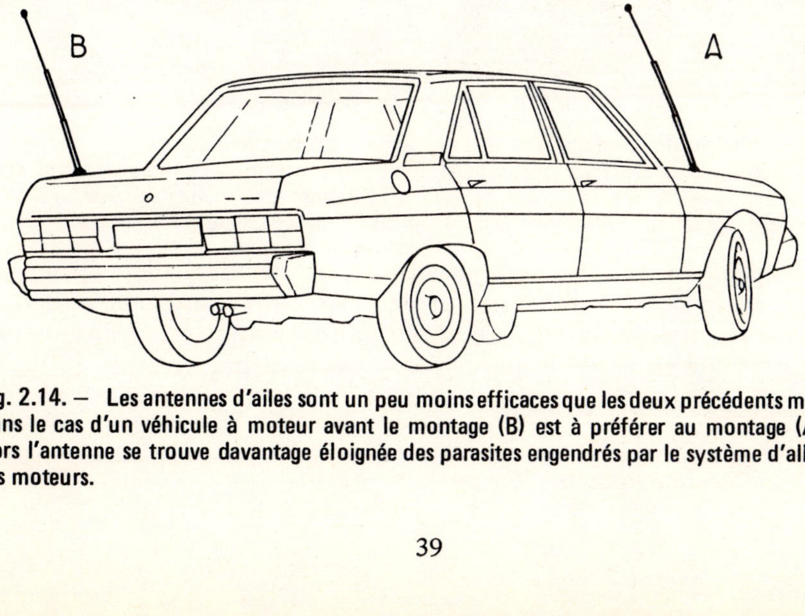

Fig. 2.14. – Les antennes d'ailes sont un peu moins efficaces que les deux précédents modèles. Dans le cas d'un véhicule à moteur avant le montage (B) est à préférer au montage (A), car alors l'antenne se trouve davantage éloignée des parasites engendrés par le système d'allumage des moteurs.

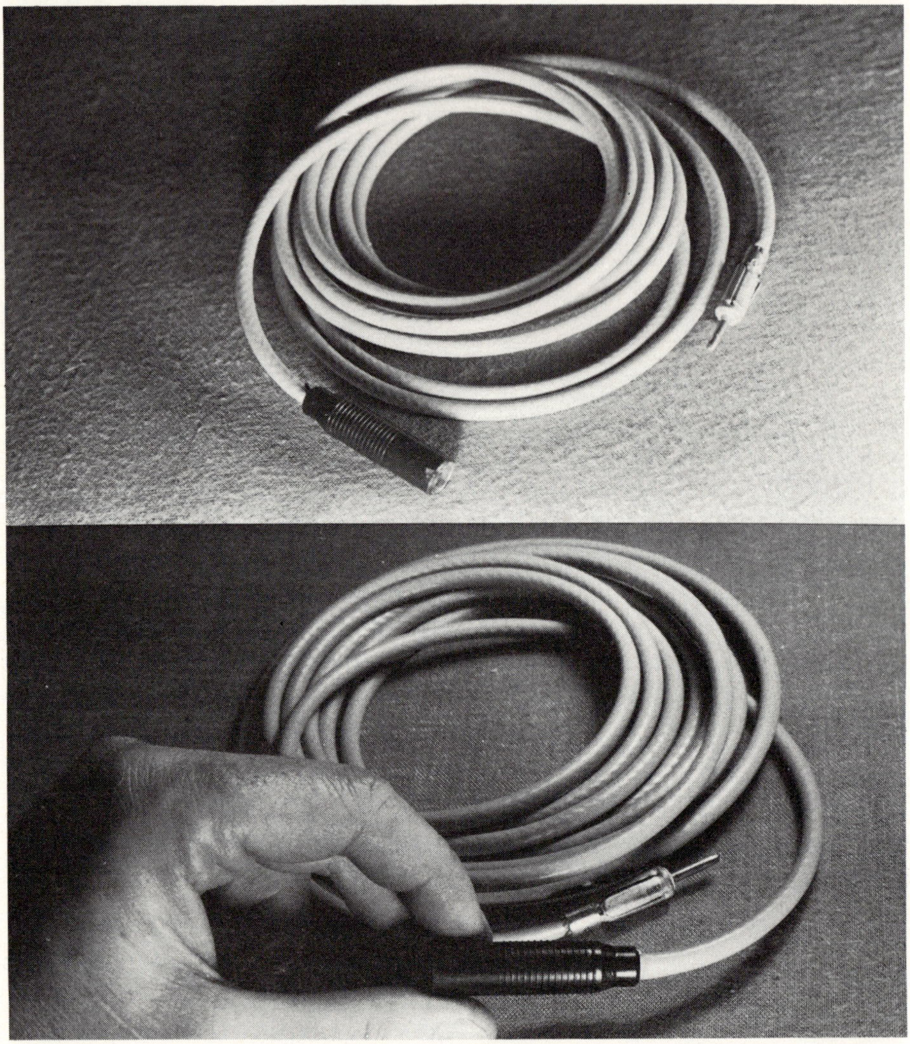

Fig. 2.15. – L'implantation d'une antenne, sur l'aile arrière d'un véhicule, oblige à recourir à un câble de liaison d'assez grande longueur (A). Il est indispensable - si l'on ne veut pas que ce dernier atténue exagérèment les signaux captés par l'antenne - que celui-ci soit pourvu d'une capacité de compensation (B) intégré à la prise femelle de raccordement (Philips).

Chaque fois que cela est possible cette dernière disposition est à préférer à la précédente, car l'antenne se trouve de la sorte davantage éloignée du moteur (du moins quand celui-ci est à l'avant du véhicule) et de la zone de parasites engendrés par l'allumage de ce dernier (*). Semblable implantation obligeant à recourir à un câble

(*) Nota : il est évident que cette remarque ne s'applique pas aux véhicules dotés de moteurs Diesel.

de liaison d'assez grande longueur (fig. 21-5 et 2-16) il est indispensable — si l'on ne veut pas que ce dernier atténue exagérément les signaux captés par l'antenne — que celui-ci soit pourvu d'une

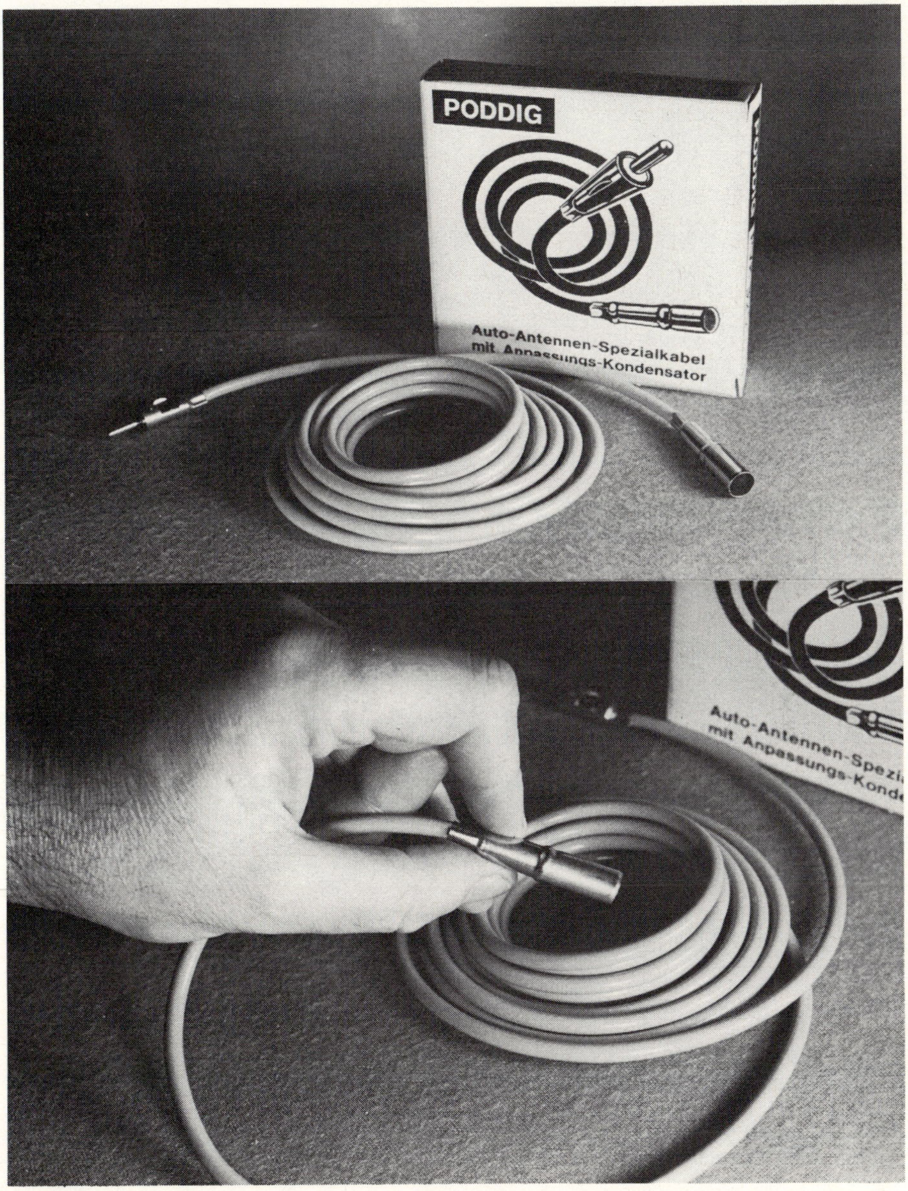

Fig. 2.16. – Autre exemple de câble prolongateur pour antenne (A) d'auto-radio muni d'une capacité de compensation (B) (Poggi - Saker Diffusion).

capacité de compensation. Impératif très rarement respecté et qui explique le mauvais rendement que l'on attribue, à tort, à de telles antennes.

En général de telles antennes sont télescopiques et actionnées à la main, ou mieux, à commande électrique (fig. 2-16 et 2-17) : solutions rendues possibles par la place disponible dans les ailes des véhicules et permettant — lorsqu'elles sont repliées — de les soustraire à d'éventuelles malveillances auxquelles elles sont exposées, compte tenu de leur emplacement.

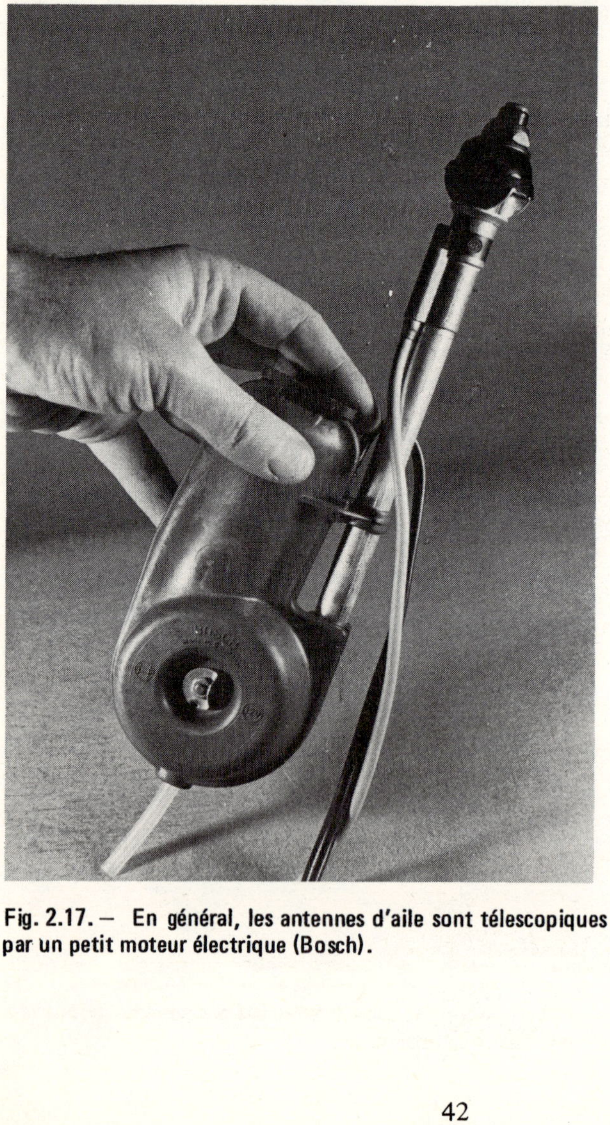

Fig. 2.17. – En général, les antennes d'aile sont télescopiques et de plus en plus actionnées par un petit moteur électrique (Bosch).

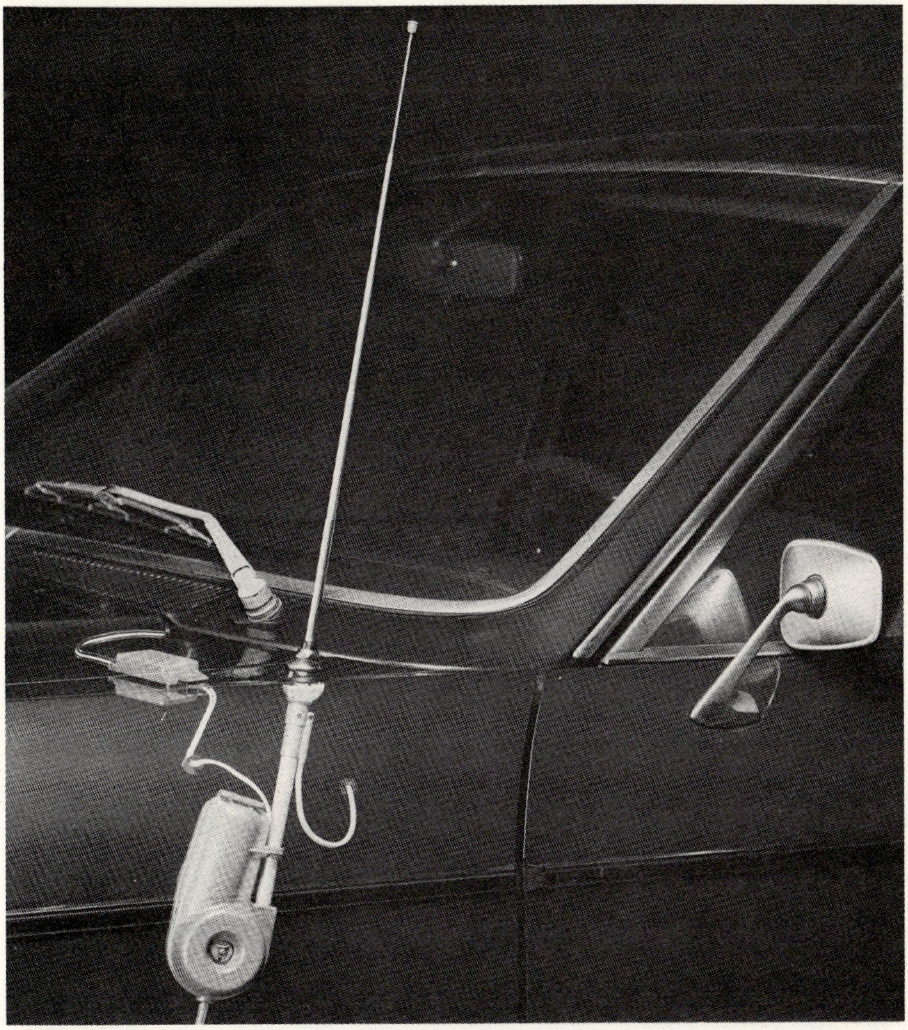

Fig. 2.18. – La transformation d'une antenne électrique, semi-automatique, en antenne automatique, directement actionnée par allumage ou l'extinction de l'auto-radio, requiert l'utilisation d'un boîtier-relais (Bosch).

☆

De plus en plus cependant, les antennes *d'aile* se voient préférer les antennes *de toit* (fig. 2-19) ou de *malle arrière* (fig. 2-19), du type monobrin, mais non escamotables, à l'inverse des précédentes, étant donné que l'on ne dispose pas de la place nécessaire pour loger des brins coulissants.

Plus efficace que l'antenne de *malle arrière*, l'antenne *de toit* (fig. 2-19) est, tout comme cette dernière, très bien protégée des parasites engendrés par le circuit d'allumage du moteur. En fait elle constitue la solution pratiquement idéale en matière de réception en auto-radio et doit donc être retenue chaque fois que

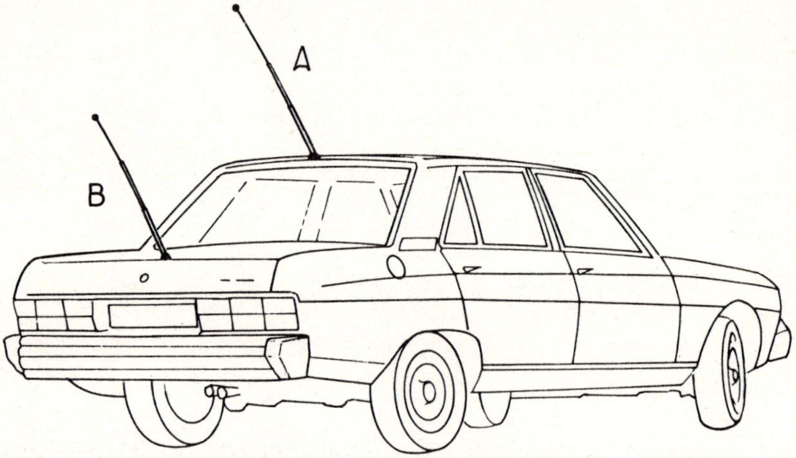

Fig. 2.19. — L'antenne de toit (A), de même que l'antenne de malle arrière (B) sont du type monobrin. La seconde est plus facile à installer que la première qui, en revanche, constitue une solution pratiquement idéale en matière de réception en auto-radio.

Fig. 2.20. — L'antenne du type fouet, de grande longueur, est à la fois esthétique et efficace. Sa flexibilité oblige à la replier au moyen d'un fil de traction en nylon.

cela se peut : seule ombre au tableau, son installation soulève quelques difficultés de pose, car il faut dégarnir l'intérieur du pavillon et trouver le moyen de faire passer le câble de liaison dans l'entourage de la glace de custode pour que celui-ci ne soit pas visible.

Enfin nous citerons, pour mémoire, les antennes du type *fouet* (fig. 2-20) que leur grande longueur et leur flexibilité obligent à replier, vers l'avant ou vers l'arrière, au moyen d'un fil de traction en nylon : du moins si l'on ne veut pas que celles-ci oscillent dangereusement lorsque le véhicule se déplace.

Ni plus ni moins efficaces que les autres modèles, ces antennes sont surtout choisies en raison de leur aspect esthétique et se comportent pratiquement de la même manière que les antennes d'aile avant, par rapport aux parasites du circuit d'allumage.

Le type d'antenne une fois choisi, et cette dernière convenablement installée et raccordée à l'entrée correspondante de l'auto-radio, il ne reste plus qu'à adapter les étages de réception de l'appareil aux caractéristiques (longueur, capacité du câble de liaison) de l'antenne utilisée.

Pour ce faire, on règle généralement l'auto-radio en P.O., vers 1 200 à 1 400 kHz, sur un émetteur de faible puissance. Puis on agit ensuite sur le « trimmer » d'antenne qui se présente sous

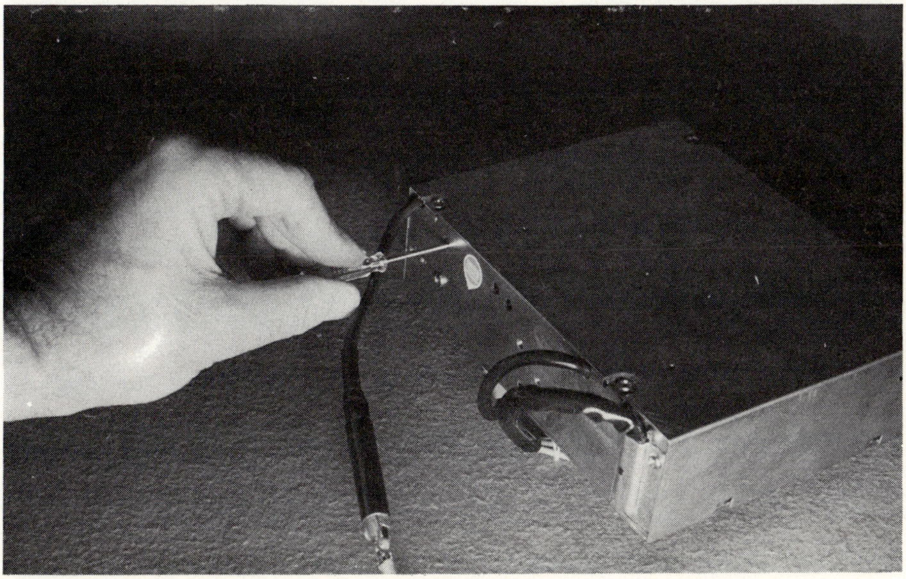

Fig. 2.21 a — Accord antenne accessible à l'arrière.

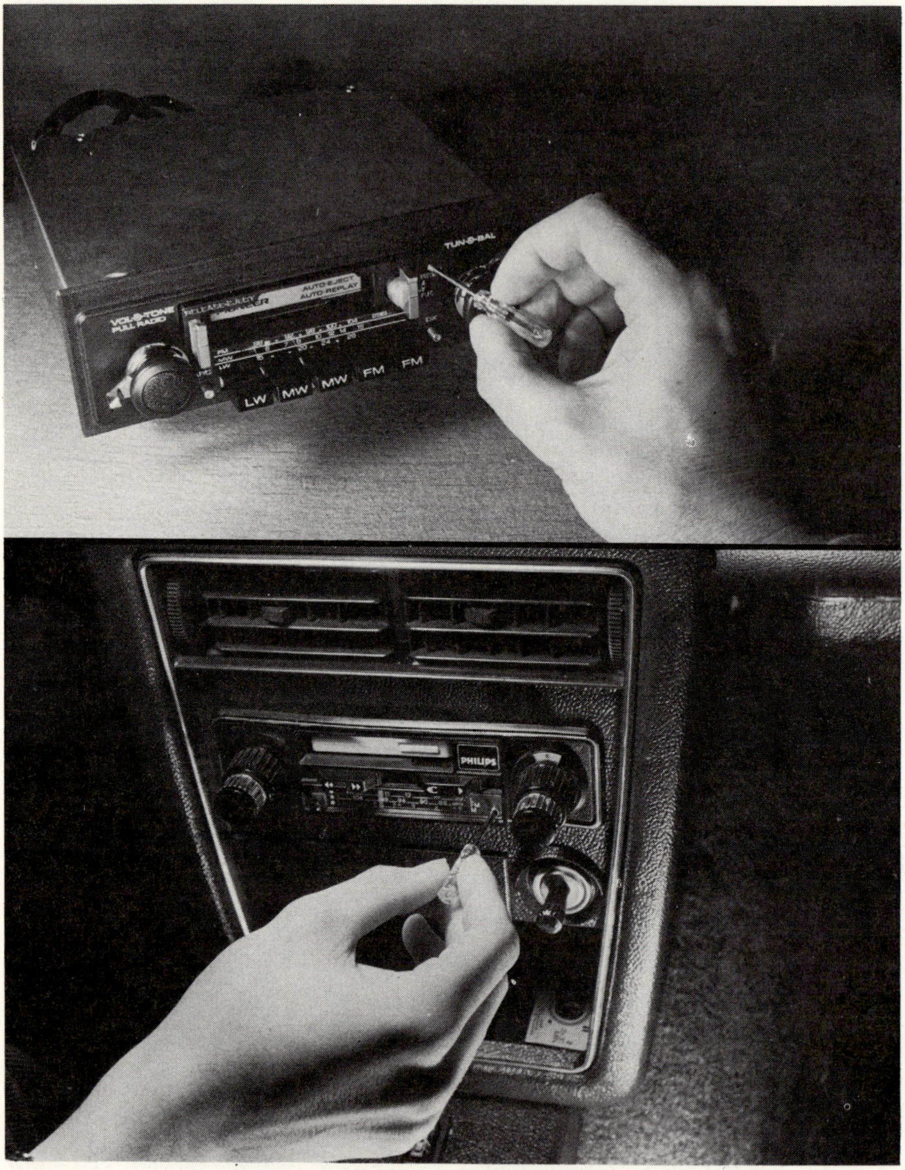

Fig. 2.21 bc – Une fois l'antenne raccordée à l'auto-radio, il faut adapter les étages d'entrée de ce dernier aux caractéristiques du câble de liaison. Ce qui s'effectue en agissant sur le «trimmer» d'antenne accessible de l'arrière (a) (page 45) ou de l'avant (b) de l'auto-radio. L'intérêt de cette dernière disposition est de permettre le réglage du «trimmer» même lorsque celui-ci est mis en place à bord du véhicule (c).

la forme d'une vis de réglage accessible soit de l'arrière (fig. 2-21 a) soit de l'avant (fig. 2-21 b et c) de l'auto-radio.

En se servant d'un petit tourne-vis, on manœuvre alors légèrement ce « trimmer » dans un sens ou dans l'autre, jusqu'au moment où le signal de l'émetteur capté passe par un maximum.

II-3. — CHOIX, EMPLACEMENT ET INSTALLATION DES HAUT-PARLEURS

Que ceux-ci soient intégrés dans le tableau de bord, encastrés dans les portières ou, encore, placés sur la plage arrière du véhicule, les haut-parleurs utilisés doivent, avant tout, être choisis en fonction de la puissance de sortie de l'auto-radio; mais également en tenant compte de l'impédance des amplificateurs de ce dernier et — pour un montage de haute-qualité — de la bande passante de l'auto-radio (notamment pour ceux disposant de la M.F.) et, éventuellement de celle du lecteur de cassettes (fig. 2-22).

Fig. 2.22. — Dans une installation de qualité, il est souhaitable d'utiliser des haut parleurs à large bande passante spécialement conçus à cet effet

— Où placer les haut-parleurs ?

Ce problème résolu il faut alors aborder celui de l'emplacement des haut-parleurs à bord du véhicule. Comme nous allons le voir, de nombreuses solutions sont possibles.

Les deux plus simples sont illustrées par les dessins A et B de la figure 2-23 qui concernent essentiellement une installation monophonique. Lorsque le choix est possible — ce qui est généralement le cas — la formule (A) est à préférer car elle permet au conducteur, aussi bien qu'aux passagers des places arrières de percevoir convenablement le message sonore transmis par le haut-parleur avant.

Si la formule (B) se prête mieux au montage d'un haut-parleur plus puissant, elle a, par contre, toutes les chances — si le conducteur veut entendre à niveau normal — d'assourdir les passagers des places arrières.

Devant la difficulté d'assurer un niveau sonore équilibré à l'avant et à l'arrière du véhicule, ou en arrière tout naturellement à la formule de la figure 2-23 C, assurant une diffusion satisfaisante à l'intérieur de la voiture; formule qui ne soulève guère de critiques et qui a les suffrages de bon nombre d'utilisateurs.

Dans le cas d'un auto-radio ou d'un lecteur de cassettes — intégré ou non au précédent — et permettant un fonctionnement en stéréophonie, une disposition symétrique des haut-parleurs au niveau des passagers s'avère indispensable.

On peut, selon le cas, opter pour la solution de la figure 2-23 (D) lorsqu'il est possible d'intégrer les haut-parleurs dans les angles du tableau de bord, ou pour celle de la figure 2-23 (E) où les haut-parleurs sont encastrés dans les portières. Ces deux formules sont en général, plus satisfaisantes que celle qui consiste à monter les haut-parleurs dans les cartons d'auvent placés au niveau des jambes des passagers « avant » : dans ce cas ces derniers masquent en effet la propagation des sons vers les passagers « arrière ».

C'est pourquoi on dispose assez souvent les haut-parleurs d'une installation stéréophonique au niveau de la plage arrière du véhicule (fig. 2-23 (F), où l'effet de masque — compte tenu de leur surélévation — se fait effectivement moins sentir que lorsqu'ils sont montés dans les cartons d'auvent.

Mais, de même que dans le cas de la figure 2-23 (B), cette solution n'est guère recommandable, car apportant pratiquement le même inconfort d'écoute.

Critique à laquelle échappent les montages dits « à quatre haut-parleurs », dont trois exemples sont donnés en (G), (H) et (I).

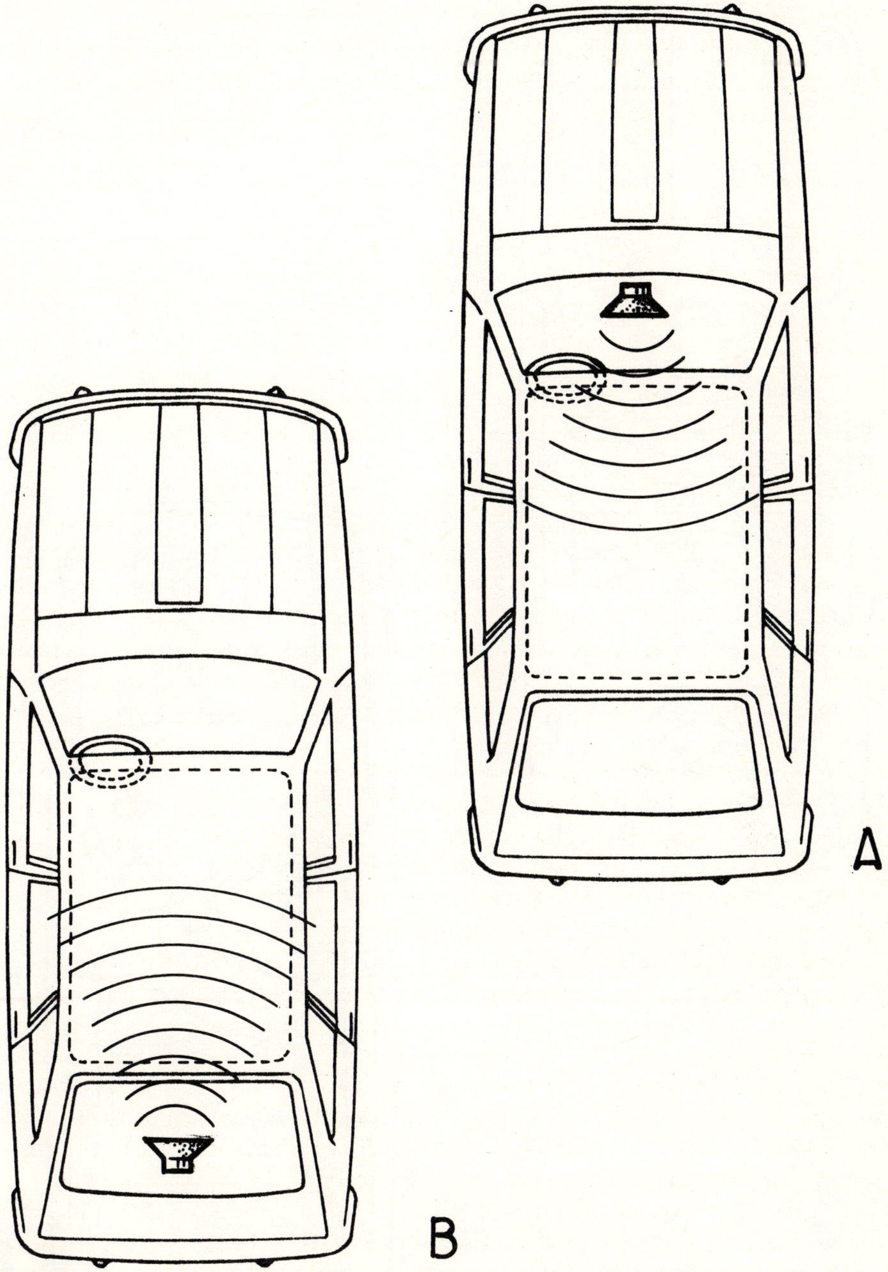

Fig. 2.23. – Les diverses possibilités d'emplacement des haut-parleurs à bord d'un véhicule. En (A), (B) et (C, page 50) dispositions possibles dans le cas d'une installation «mono».

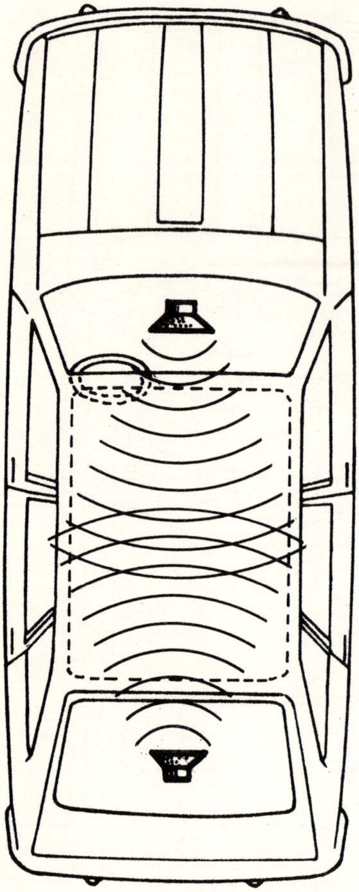

C

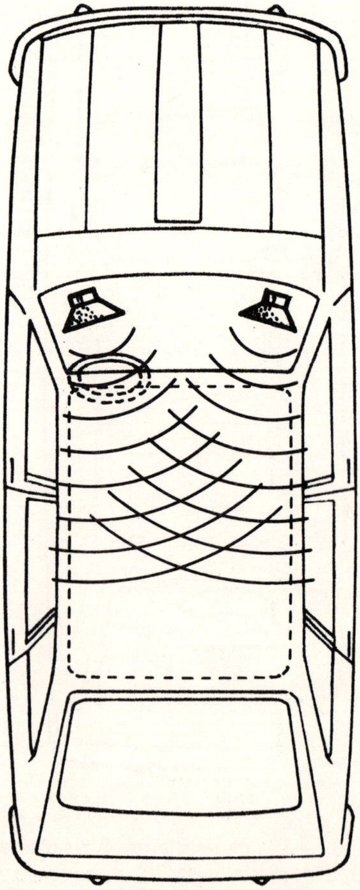

D

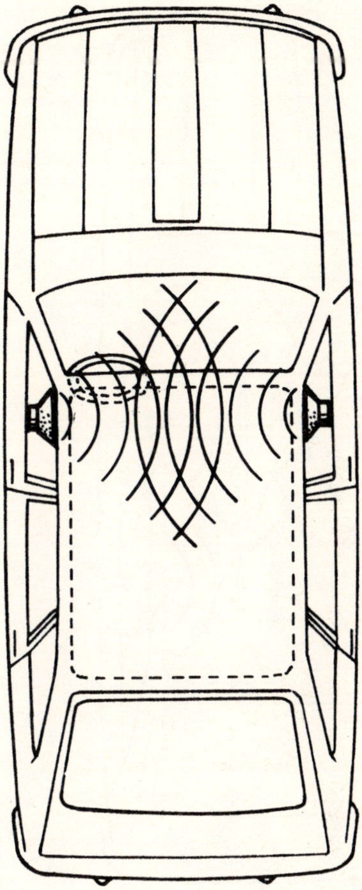

E

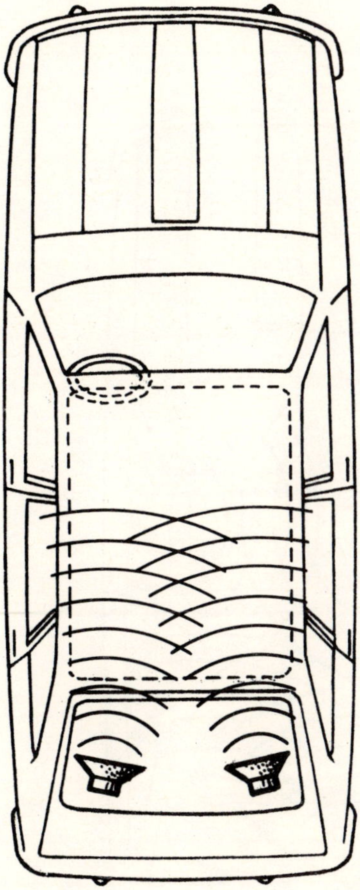

F

Fig. 2.23 (suite 1). – De (D, page 50) à (F) dispositions possibles pour une installation «stéréo».

G

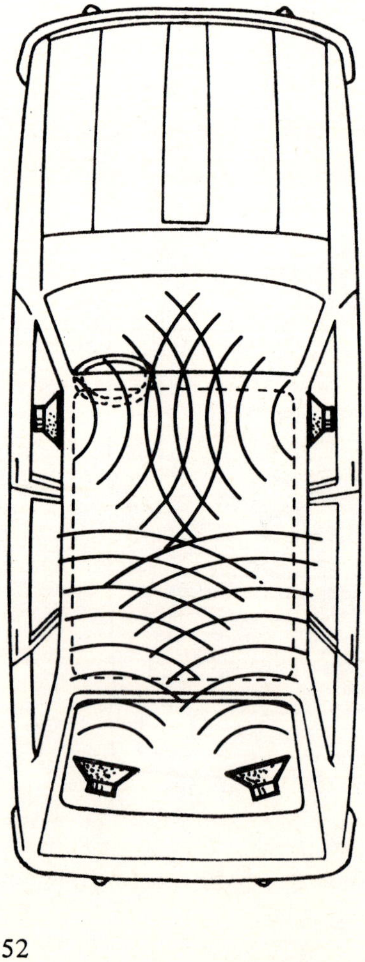

H

Fig. 2.23 (suite 2). – En (G), (H, page 52), et (I) implantations «à quatre haut-parleurs» permettant d'améliorer grandement le confort d'écoute à bord du véhicule grâce à la répartition optimale du niveau sonore entre les places «avant» et «arrière».

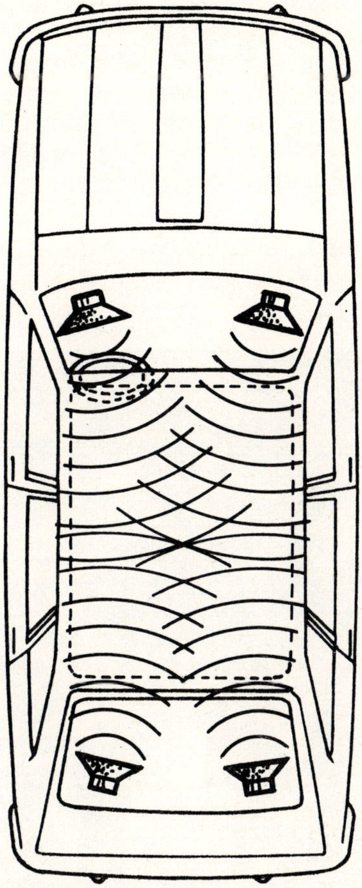

I

S'il fallait donner une appréciation, nous dirions que le montage de la figure 2-23 (G) où les haut-parleurs sont installés dans les quatre portières est caractérisé par une relative simplicité de montage et un comportement assez satisfaisant. Toutefois l'obligation de disposer les haut-parleurs dans la partie inférieure des portières fait perdre à ces derniers un peu de leur efficacité dans le registre aigu.

Préférable au précédent, le montage de la figure 2-23 (H) échappe en partie aux critiques mentionnées ci-dessus. Précisons que c'est aussi celui qui est le plus souvent utilisé en matière d'installations stéréophoniques.

Le « nec plus ultra » est toutefois le montage de la figure (2-23 (I) où non seulement les haut-parleurs « arrière » mais également les haut-parleurs « avant » sont pratiquement disposés à hauteur d'écoute. Ce qui suppose — notamment pour les haut-parleurs « avant » que la configuration (ou l'emplacement disponible) du tableau de bord se prête à leur installation.

— Branchements « série » et « parallèle »

Lorsque l'on dispose ainsi de deux haut-parleurs sur chaque voie, (fig. 2-24) respectivement placés à l'avant et à l'arrière du véhicule, il reste encore à les connecter correctement.

Deux solutions sont possibles, selon que l'on opte pour un *branchement série* (fig. 2-25) pour ou un *branchement parallèle* (fig. 2-26).

Dans un cas comme dans l'autre, il faut respecter les polarités - bornes (+) et (—) - des haut-parleurs, de façon que ceux-ci soient *en phase.*

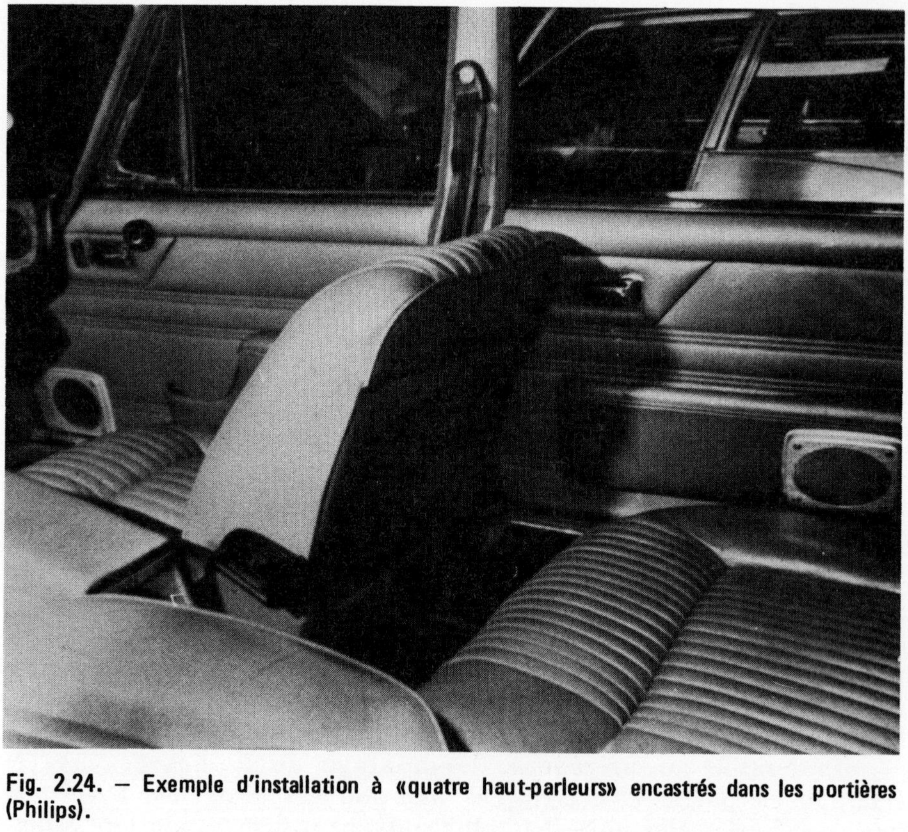

Fig. 2.24. — Exemple d'installation à «quatre haut-parleurs» encastrés dans les portières (Philips).

Cette mise en phase peut se vérifier en se reportant aux repères portés en regard des cosses de raccordement des haut-parleurs ou en branchant successivement une pile de poche de 4,5 V aux bornes de chaque haut-parleur et en repérant la cosse qui, étant par exemple en contact avec le pôle (+) de la pile (la lame la plus petite) provoque le déplacement des membranes dans le même sens (en avant ou en arrière).

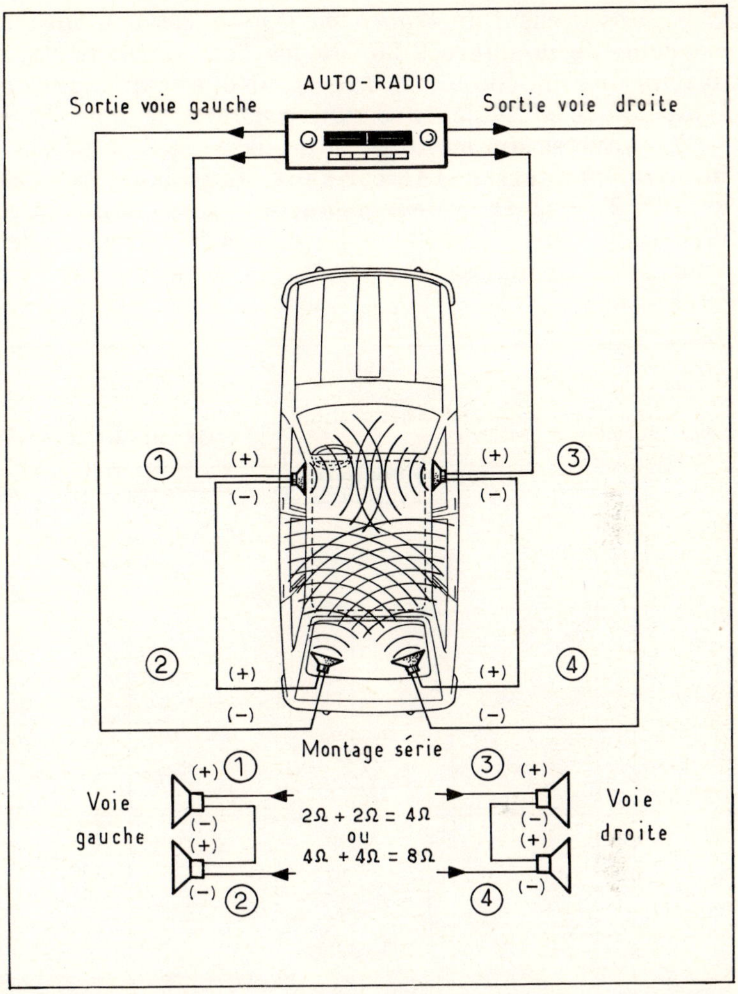

Fig. 2.25. – Principe du branchement série de deux haut-parleurs. Pour un fonctionnement correct il y a lieu de respecter les polarités (+ et –) des bornes de raccordement.

Dans le cas d'un *branchement série*, le montage à adopter est celui de la figure 2-25. Pour obtenir de bons résultats, les haut-parleurs montés sur la voie gauche — (1) et (2) —, de même que ceux montés sur la voie droite — (3) et (4) —, devraient avoir une impédance de 2 Ω; ce qui donnerait une impédance résultante de : 2 + 2 = 4 Ω, valeur théoriquement idéale.

En pratique, comme il est beaucoup plus facile de se procurer des modèles de 4 Ω, on obtiendra en fait une impédance résultante de : 4 + 4 = 8 Ω, ce qui, sur le plan utilisation, n'a pas d'autre conséquence qu'une légère perte de puissance.

Dans le cas d'un *branchement parallèle*, le montage recommandé est celui de la figure 2-26, où les haut-parleurs doivent présenter chacun une impédance de 8 Ω, étant donné que, dans ces conditions, l'impédance équivalente se trouve réduite de moitié, soit : 8 : 2 = 4 Ω.

A l'inverse du montage série, il n'est pas possible de prendre des haut-parleurs de 4 Ω, car alors l'impédance résultante tomberait à : 4 : 2 = 2 Ω, valeur beaucoup trop faible et qui risquerait d'entraîner un échauffement excessif, voire la destruction des transistors de puissance des étages de sortie de l'auto-radio.

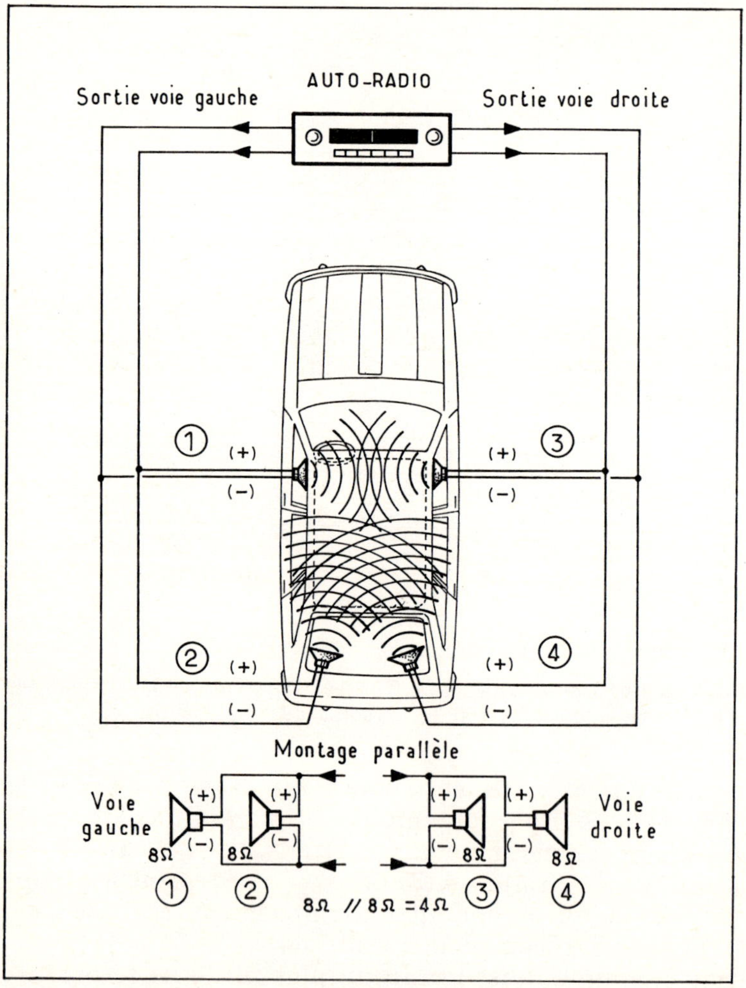

Fig. 2.26. – Principe du branchement parallèle de deux haut-parleurs. Ceux-ci ne doivent pas présenter une impédance inférieure à 8 Ω, car, autrement, il y aurait un risque de surcharge des étages de sortie de l'auto-radio.

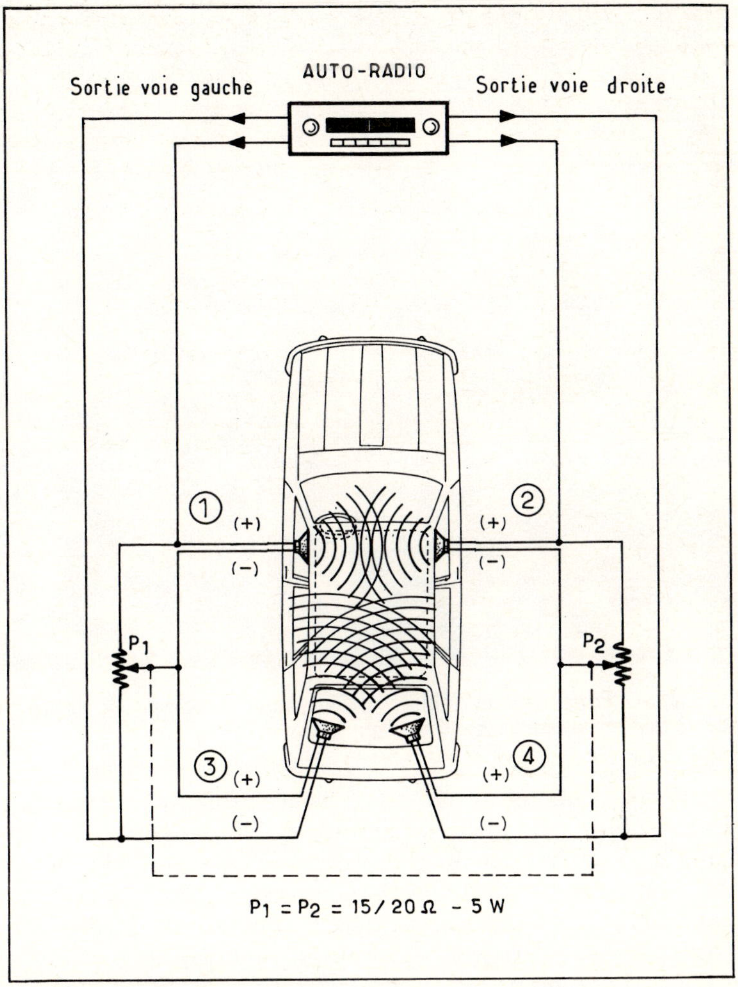

Fig. 2.27. — Schéma de réalisation d'une commande de «balance» par double potentionmètre pour une installation «à quatre haut-parleurs».

Pour ces diverses raisons, il est donc préférable de retenir le *branchement série* des haut-parleurs, d'autant que celui-ci se prête aisément à la réalisation d'une commande de « balance » permettant de répartir le niveau sonore entre les haut-parleurs « avant » et « arrière » — (1) et (3) d'une part, (2) et (4) d'autre part — au moyen d'un montage tel que celui représenté figure 2-27 et qui requiert l'emploi d'un potentiomètre double (P1-P2), bobiné (fig. 2-28).

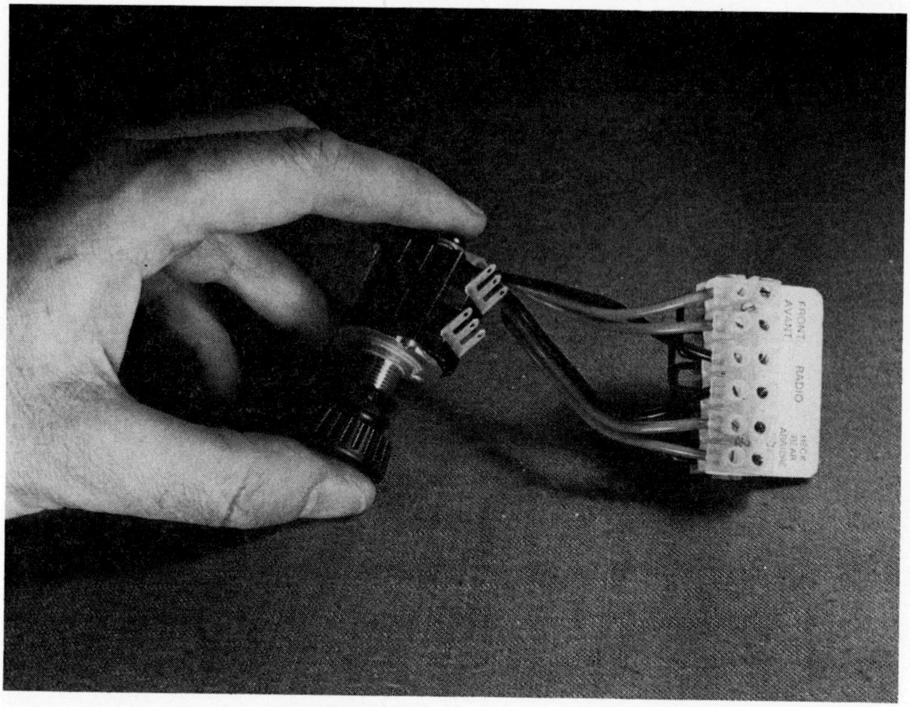

Fig. 2.28. – Potentiomètre bobiné, double, pour commande de «balance» d'une installation «à quatre haut-parleurs» (Grundig).

Très peu connue, une autre formule d'installation mérite d'être signalée, principalement à l'attention de ceux ayant des véhicules munis de sièges pouvant recevoir des appuis-tête. Certains constructeurs de haut-parleurs, conscients de l'intérêt présenté par cette possibilité, proposent donc des appuis-tête, équipés de haut-parleurs intégrés, et prévus pour prendre place dans les trous de fixations ménagés à cet effet (fig. 2-29). Solution intéressante à plus d'un titre, car permettant de lutter efficacement contre le bruit ambiant existant à bord du véhicule — notamment lorsque celui-ci roule à grande vitesse — sans pour autant être obligé de pousser exagérément le niveau sonore. Sans compter que, grâce à leur disposition, de tels appuis-tête se prêtent à une reproduction stéréophonique fort bien équilibrée.

— Quel type de montage adopter ?

De même que leur emplacement à bord du véhicule, le montage des haut-parleurs influe grandement sur la qualité de la restitution sonore.

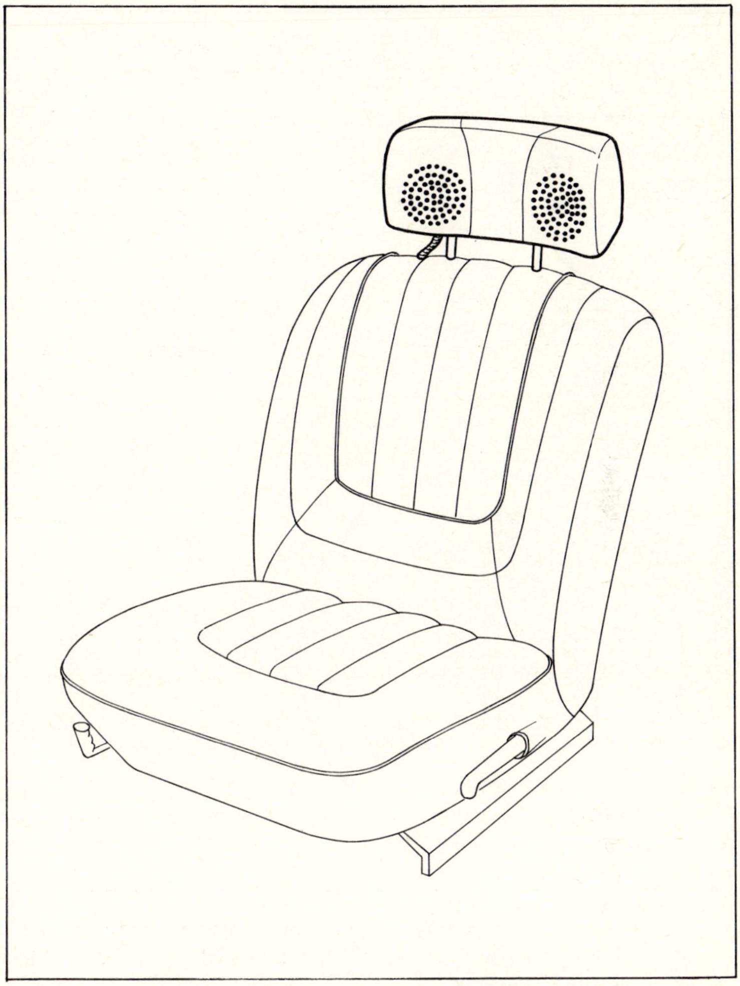

Fig. 2.29. – Appui-tête avec deux haut-parleurs incorporés.

En effet, pour pouvoir fonctionner correctement, un haut-parleur demande à être chargé acoustiquement. Et cela notamment pour les fréquences graves où la *surpression* créée par la membrane du haut-parleur, lorsque celle-ci se déplace par exemple vers l'avant, se trouve en partie neutralisée par la *dépression* engendrée à l'arrière de celle-ci.

D'où l'obligation d'allonger artificiellement la distance séparant les deux zones de *surpression* et de *dépression*. Ce qui s'obtient classiquement au moyen d'un écran — ou *baffle-plan* — de dimen-

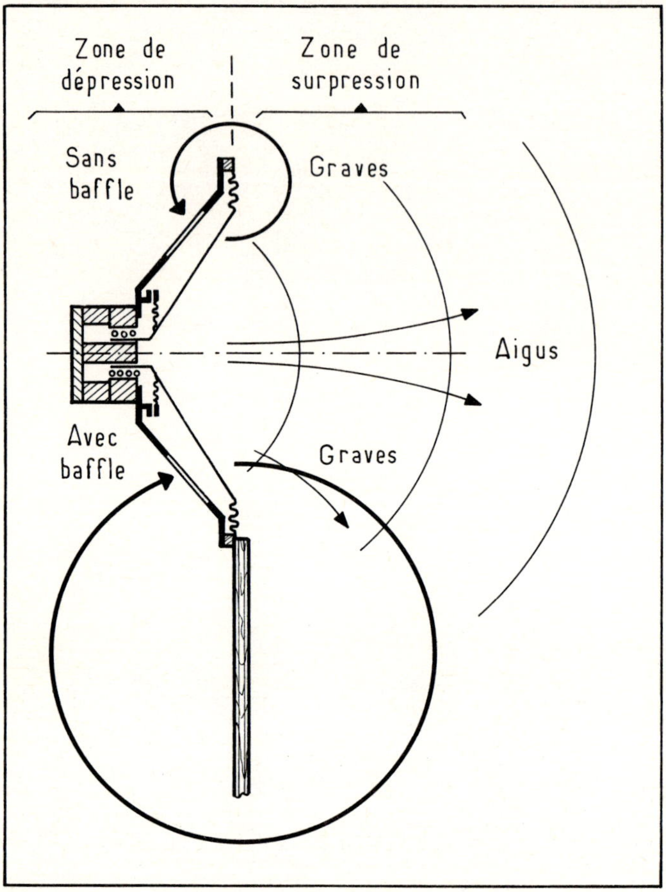

Fig. 2.30. – Si l'on veut bénéficier d'un bon rendement dans le grave, il est indispensable de monter les haut-parleurs sur un baffle, afin d'allonger la distance séparant les zones de surpression et de dépression.

sions en rapport avec les fréquences les plus graves que l'on veut reproduire correctement (fig. 2-30).

Compte tenu de ce qui vient d'être précisé, il est aisé de se rendre compte que les haut-parleurs pour auto-radio, montés en boîtier orientable (fig. 2-31), ne sont qu'assez mal partagés du point de vue rendement dans le grave. En fait, leur emploi ne doit être envisagé que du seul aspect commodité d'implantation, résultant à la fois de leur petitesse et de la facilité à les orienter.

Beaucoup plus logique et efficace est la formule des haut-parleurs conçus pour être posés en saillie sur un support ou encore encastrés par exemple dans la plage arrière ou dans les portières du véhicule (fig. 2-32).

Fig. 2.31. – Les haut-parleurs montés en boîtier orientable sont caractérisés par une grande commodité d'installation (Philips).

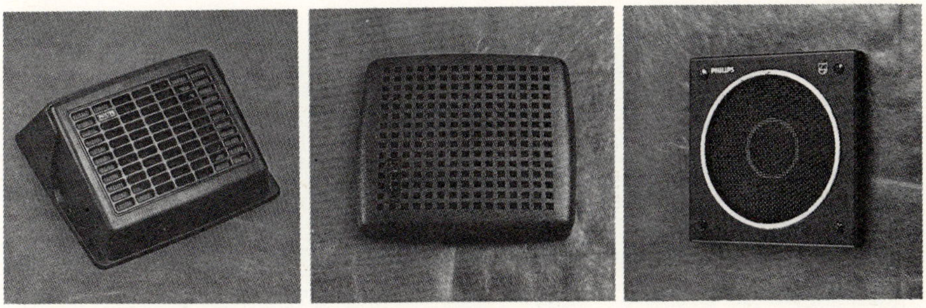

Fig. 2.32. – La solution des haut-parleurs montés dans des boîtiers destinés à être placés en saillie ou encastrés dans une surface plane (plage arrière, portière . . .) permet d'éviter le court-circuit acoustique des fréquences graves (Philips).

Car alors on bénéficie de l'effet d'écran du support, évitant le court-circuit acoustique des ondes sonores émises par l'avant de la membrane du haut-parleur, à partir de celles rayonnées par l'arrière.

Des précautions doivent toutefois être prises — cas notamment des haut-parleurs montés sur la plage arrière (2-33) pour que le dos des haut-parleurs ne communique pas directement avec le coffre, mais soit, au contraire, « coiffé » par un coffret rempli de laine de verre.

A

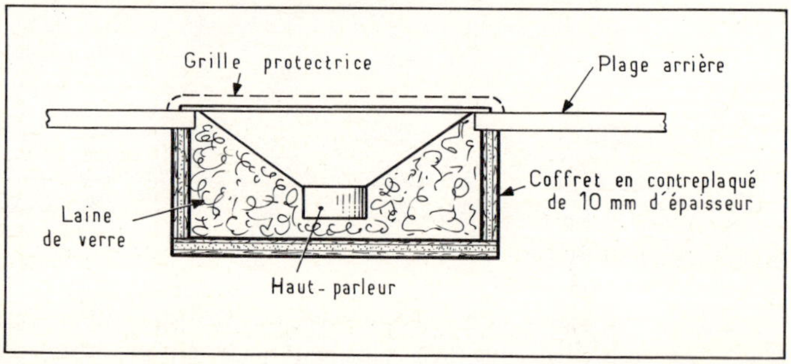

B

Fig. 2. 33. – Le montage des haut-parleurs, encastrés dans la plage arrière (A), doit être associé avec la réalisation d'un coffret empli de laine de verre, venant coiffer le haut-parleur (B) pour soustraire ce dernier à d'inévitables différences de pression engendrées par l'ouverture et la fermeture de la malle arrière.

Cela afin que l'audition ne soit pas affectée de résonances caverneuses, mais aussi pour supprimer les effets de différences de pression — résultant de l'ouverture ou de la fermeture brutale du coffre — et qui risqueraient d'endommager la membrane des haut-parleurs.

Pour des raisons évidentes de sonorité, le rembourrage, au moyen de laine de verre, des boîtiers de haut-parleurs destinés à

Fig. 2. 34. – Il est vivement recommandé de remplir de laine de verre les boîtiers de haut-parleurs destinés à être posés sur une surface plane.

Fig. 2. 35. – L'installation des haut-parleurs dans les cartons d'auvent est une formule très pratique. Toutefois cette disposition se traduit par un effet de masque à l'égard des passagers «arrière».

être posés sur surface plane (fig. 2-34) est également une bonne précaution. Cette solution devra, dans toute la mesure du possible, être étendue aux haut-parleurs encastrés dans les portières, où la place est, certes, plus réduite mais où, au prix de quelques acrobaties, on peut parvenir à placer un petit boîtier clos venant coiffer l'arrière des haut-parleurs.

Satisfaisant du point de vue charge acoustique, le montage des haut-parleurs dans les cartons d'auvent — au niveau des places « avant » — est très fréquemment utilisé. Toutefois semblable disposition se traduit par un effet de masque à l'égard des passagers « arrière » (fig. 2-35).

Fig. 2.36. – Le montage des haut-parleurs à hauteur d'écoute nécessite le plus souvent le recours à des modèles « boule » de petites dimensions, aisément logeables au niveau du pare-brise (cas d'installations à quatre haut-parleurs selon la figure 2.23.I). Cette formule est également à retenir dans le cas de véhicules disposant d'un hayon arrière relevable.

Très intéressant, le montage des haut-parleurs à hauteur d'écoute nécessite, le plus souvent, le recours à des modèles très compacts. Principalement dans le cas d'installation à « quatre haut-parleurs » qui — à moins que le véhicule ne dispose d'emplacements « ad hoc » dans le tableau de bord — oblige à recourir à des haut-parleurs « boule ». Ce qui est également le cas des véhicules possédant un hayon arrière relevable et pour lesquels (fig. 2-36) seuls des haut-parleurs « boule » peuvent être envisagés; du moins si l'on veut conserver le bénéfice de la tablette arrière relevable et amovible.

TROISIÈME PARTIE

Le déparasitage

Indissociable de l'installation d'un auto-radio à bord d'un véhicule, le déparasitage de ce dernier est une opération dont l'importance est primordiale.

Car de celle-ci dépend en grande partie la qualité de l'écoute.

Or, pour qu'il en soit effectivement ainsi, bon nombre de problèmes doivent, au préalable, être résolus.

Ceux-ci sont essentiellement dus au voisinage d'éléments générateurs de parasites radio-électriques ou électriques (système d'allumage à haute tension des moteurs à essence, dynamo, alternateur, avertisseur, essuie-glaces, clignotants, etc.) et des circuits de réception H.F. ou V.H.F. des auto-radios, particulièrement sensibles — en raison même de leur conception — à ce genre de phénomènes.

D'où la nécessité de prendre certaines mesures visant à l'élimination, à la source même, de ces diverses catégories de parasites, pour éviter que ces derniers ne viennent perturber la réception des émetteurs captés.

Ce qui n'est pas aussi facile qu'il pourrait paraître à première vue, la suppression des parasites obligeant à recourir à des techniques différentes selon l'origine de ces derniers, la nature des éléments incriminés ou encore les gammes d'ondes considérées.

— Les sources de parasites

Dans ce qui va suivre, nous ne considérerons que les parasites provenant du véhicule lui-même, les seuls contre lesquels l'usager puisse agir effectivement. En conséquence, nous ne traiterons pas de l'élimination des parasites extérieurs, venant par exemple d'autres véhicules non déparasités, ou encore, ayant une origine industrielle (moteurs électriques, enseignes lumineuses) ou même atmosphérique (orages).

Ces points précisés, il n'est pas inutile de rappeler que, dans le cas de véhicules équipés de *moteurs à essence*, on est en présence de trois types de parasites différents :

— les uns, *d'origine radio-électrique*, et dus au système d'allumage haute tension (*);

— les autres, *d'origine électrique*, et dus à l'appareillage de bord du véhicule;

— les derniers, *d'origine électrostatique*, et dus notamment à un défaut d'écoulement des charges électriques se développant entre certaines pièces du véhicule en mouvement.

• De loin les plus difficiles à éliminer, les parasites engendrés par le *système d'allumage haute tension* des moteurs à essence (fig. 3-1 a) sont créés par les étincelles produites entre les électrodes des bougies (fig. 3-1 b) utilisées pour enflammer le mélange gazeux contenu dans les cylindres.

Ces étincelles sont engendrées par un montage dont le schéma de principe est donné figure 3-2 et qui comprend notamment une *bobine d'allumage*, un *rupteur* (vis platinées), associé à un *condensateur*, et un *distributeur*.

S'ouvrant et se fermant successivement sous l'action d'une came de commande, le *rupteur* envoie au travers de l'enroulement primaire de la *bobine* une succession de trains de courant qui, lorsqu'ils sont stoppés (ouverture des vis platinées), donnent naissance à une tension relativement élevée (env. 250 V) aux bornes de l'enroulement primaire.

Étant branché en série avec cet enroulement primaire, le *condensateur d'allumage* transforme alors cette tension en une série d'oscillations (fig. 3-3) qui — grâce au rapport élevé de transformation existant entre le primaire et le secondaire de la bobine d'allumage — donnent, aux électrodes des bougies, une série d'étincelles de forte énergie , lesquelles sont comprises entre 8 000 et 15 000 V.

(*) Les parasites de ce type sont, et pour cause, inexistants sur les véhicules équipés de moteur Diesel, lesquels ne disposent pas de circuits d'allumage à étincelles.

Fig. 3.1 a – Les parasites les plus difficiles à éliminer sont ceux qui sont engendrés par le système d'allumage haute-tension des moteurs à essence.

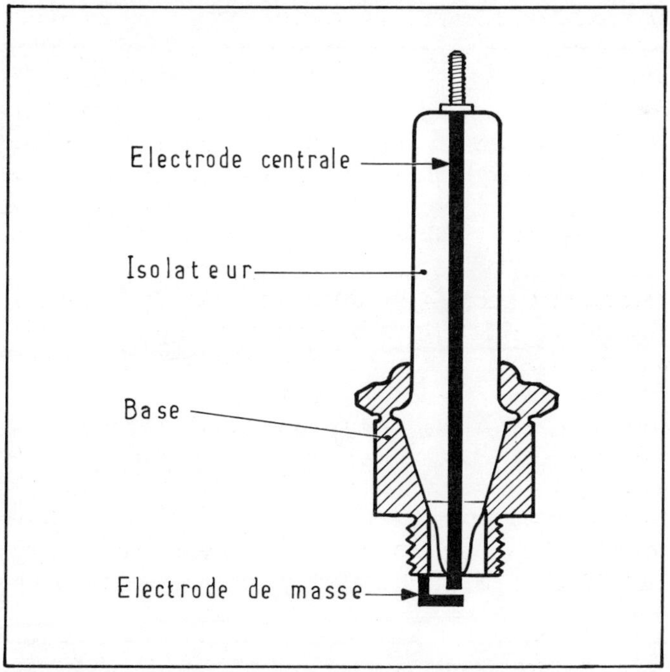

Fig. 3.1 b – Vue en coupe d'une bougie d'allumage.

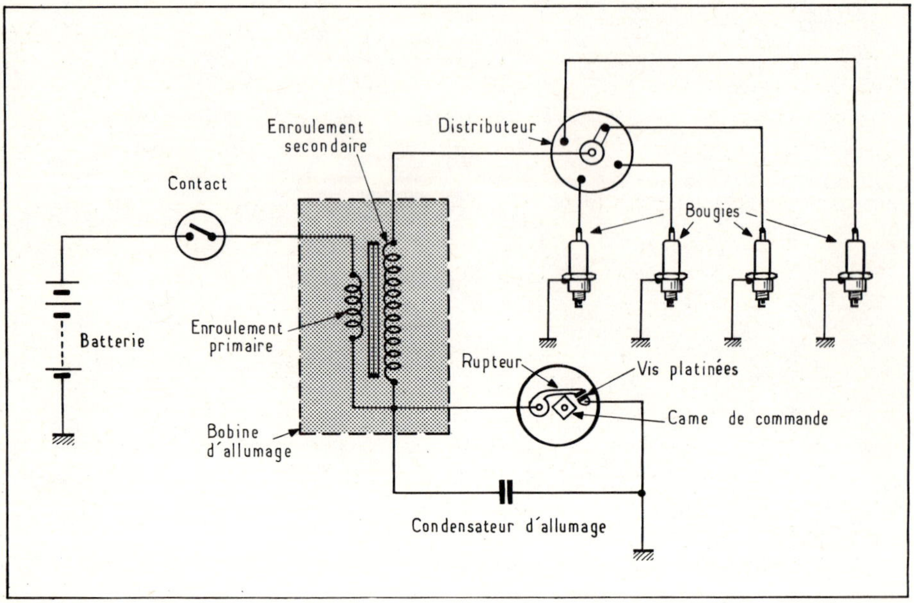

Fig. 3. 2. — Schéma de principe d'un circuit d'allumage haute tension d'un moteur à essence.

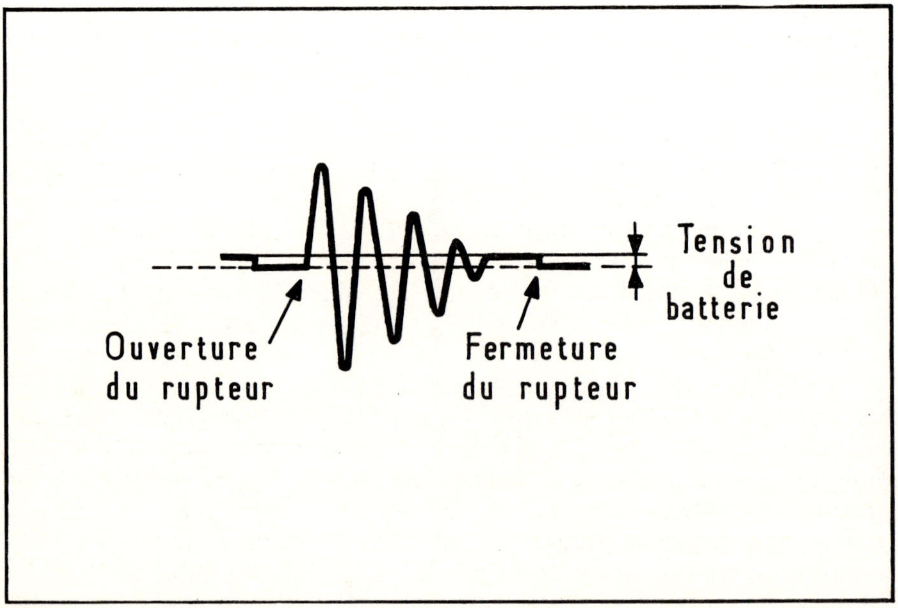

Fig. 3. 3. — Allure des oscillations électriques engendrées au niveau du primaire d'une bobine d'allumage haute-tension.

Ces trains d'ondes ne sont pas sans rappeler ceux créés par les premiers émetteurs à étincelles de télégraphie sans fil. Comme eux, ils donnent en effet naissance à des signaux radio-électriques et à de très nombreux harmoniques qui sont donc rayonnés sur toutes les gammes de réception radio par les câbles de liaison aux bougies, lesquels fonctionnent de la même manière qu'une antenne d'émission.

D'où une technique particulière d'élimination, faisant intervenir des résistances, dites de « suppression » (ou *suppresseurs*), visant à l'amortissement des trains d'ondes ainsi créés, et qui sera étudiée un peu plus loin.

• La seconde source de parasites a pour origine *l'équipement électrique* de bord et notamment les générateurs de courant, *dynamo* ou *alternateur*, ainsi que certains interrupteurs tel que le *régulateur de tension* et bien entendu, les divers accessoires : *contact de « stop »*, *avertisseur*, *essuie-glace*, *clignotants*, *compte-tours...*, dont le fonctionnement s'accompagne d'une suite de fermetures et d'ouvertures de circuits électriques.

Nettement moins violents que ceux dus au circuit d'allumage, les parasites engendrés par les *étincelles dues à l'établissement des contacts électriques* de ces divers éléments sont, par voie de conséquence, beaucoup plus faciles à éliminer, et, en pratique, limités aux gammes en modulation d'amplitude (PO, GO, OC).

Le déparasitage de ces appareils fait en général appel à de simples condensateurs visant à dériver à la masse du véhicule les « crachements » dus à l'établissement et à la fermeture des circuits électriques correspondants.

Plus délicate, par contre, est l'élimination des *parasites à basse fréquence* ayant pour origine *l'alternateur* de bord, dont l'emploi se répand de plus en plus sur les véhicules actuels.

Consistant en des signaux dont la fréquence est comprise entre 500 et 1 500 Hz, ces parasites réclament en effet l'utilisation de *filtres B.F.* permettant d'éliminer ces signaux indésirables normalement transmis aux circuits de l'auto-radio par l'intermédiaire de l'alimentation.

• Quant aux parasites *d'origine électrostatique*, dus notamment aux charges électriques se développant par temps sec, et lorsque le véhicule se déplace rapidement, ils sont généralement à porter au passif d'une mise à la masse insuffisante entre certaines pièces mobiles (tambours de freins, moyeux et roulements, suspension, carrosserie...) aux frottements entre les pneus et la route, ou encore entre la courroie de la dynamo et la poulie de celle-ci.

Leur mode d'élimination diffère selon leur nature et va de la pose de tresses métalliques à l'emploi de peinture conductrice ou encore de poudre ou de graisse graphitée.

— Déparasitage du circuit d'allumage

Ainsi que déjà précisé, l'élimination des parasites dus à l'allumage fait appel le plus souvent à des *résistances* (ou suppresseurs), destinées à amortir les oscillations électriques transmises par les câbles de liaison placés entre la bobine d'allumage et le distributeur et entre ce dernier et les bougies.

D'une valeur de 5 kΩ, ces résistances sont à monter à la sortie T.H.T. de la bobine, ainsi qu'aux bornes de départ du distributeur et à proximité immédiate des bougies (fig. 3-4, 3-5 et 3-6). Cela, afin de stopper les parasites à leur source même, ce qui évite le rayonnement intempestif de ces derniers.

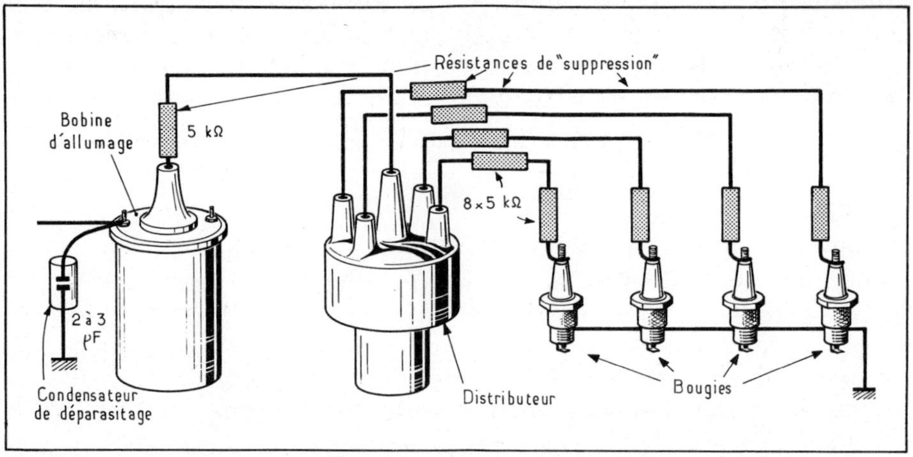

Fig. 3. 4. — Le déparasitage du circuit d'allumage haute tension implique l'utilisation de résistances, dites de «suppression» entre la bobine et le distributeur et entre ce dernier et les bougies.

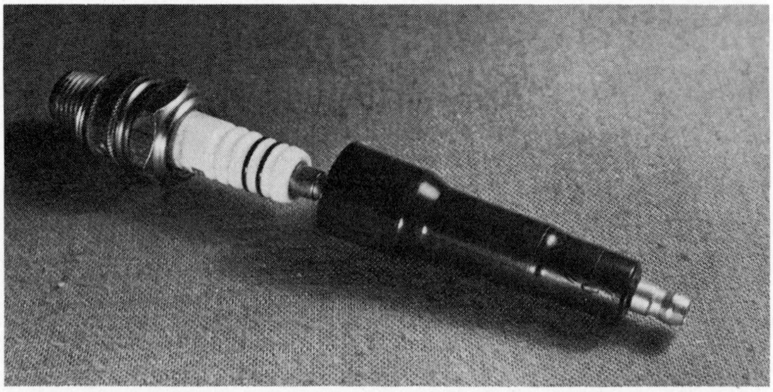

Fig. 3.5. — Embout droit antiparasite , pour bougie, muni d'une résistance de «suppression» (Béru).

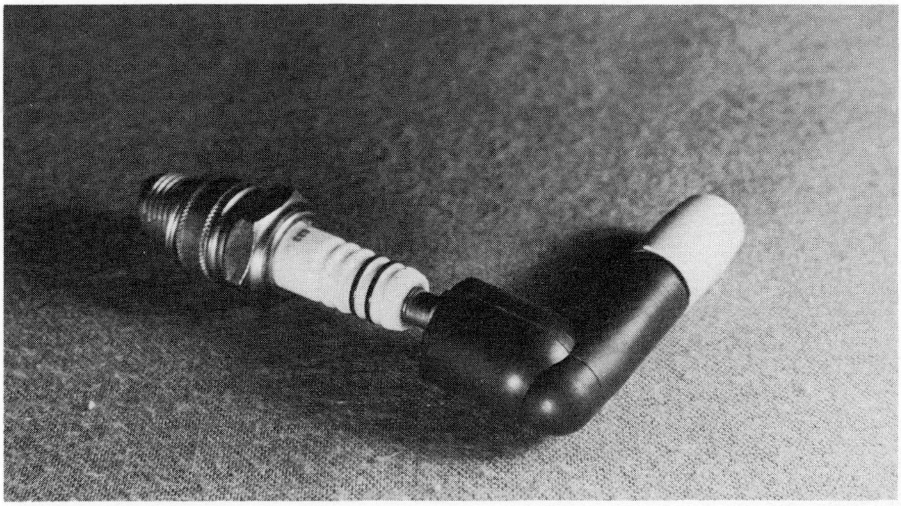

Fig. 3. 6. – Sur certains véhicules il faut utiliser des embouts coudés, antiparasites, venant coiffer la bougie (Béru).

Des résultats similaires peuvent être obtenus avec des *câbles résistants* ou, mieux, avec un rotor de distribution (fig. 3-7) à résistance intégrée qui offre l'avantage d'être placé plus près des sources de parasites que les résistances (suppresseurs) additionnelles.

Fig. 3. 7. – Rotor de distributeur, antiparasite, muni d'une résistance de «suppression» (Béru).

Pour augmenter l'efficacité de ces dispositifs — notamment en OC et en MF — on a parfois intérêt à monter des résistances de « suppression » en sorties de distributeur (fig. 3-8) ou encore à coiffer la tête du distributeur d'un capot métallique convenablement relié à la masse (fig. 3-9 a et b).

Fig. 3. 8. – Résistance de «suppression», à résistance intégrée pour sorties de distributeur.

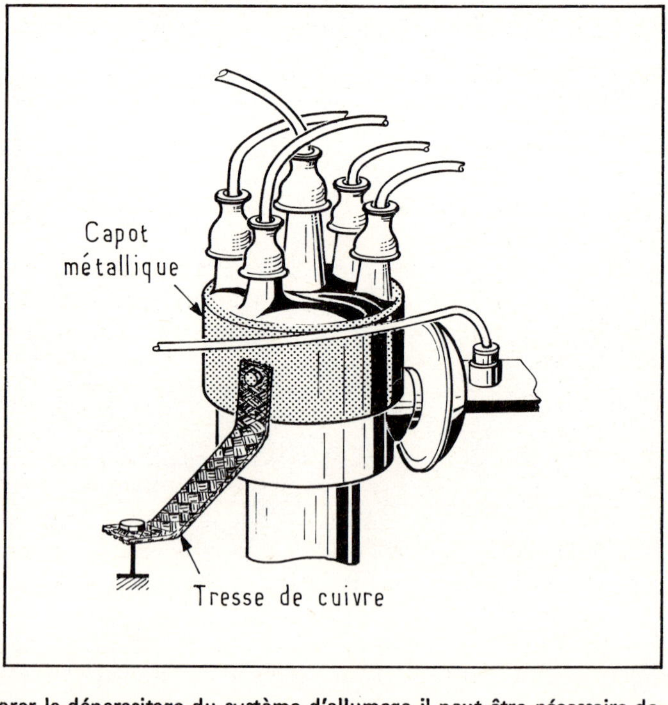

Fig. 3. 9 a – Pour améliorer le déparasitage du système d'allumage il peut être nécessaire de blinder la tête du distributeur et de relier le blindage à la masse.

Fig. 3. 9 b – Blindage pour tête de distributeur avec sa tresse de mise à la masse (Béru).

En toute circonstance, cette mise en place de résistances d'amortissement doit être complétée par le branchement d'un condensateur (de 0,5 à 2 μF) au niveau du circuit primaire de la bobine d'allumage; plus précisément, sur la borne opposée à celle aboutissant au rupteur associé au condensateur branché en parallèle sur les vis platinées (borne A, fig. 3-10).

Si l'auto-radio est prévu seulement pour la réception des PO et des GO un condensateur « parallèle » (fig. 3-11 a) — c'est-à-dire ne comportant qu'un seul point de connexion (fig. 3-11 b) — sera suffisant (fig. 3-12). Par contre, si la réception des OC — et surtout de la MF — est prévue, on aura intérêt à utiliser un condensateur « de passage » (fig. 3-13 a), disposant de deux points de *connexion* (fig. 3-13 b) et procurant une mise à la masse plus efficace des signaux perturbateurs (fig. 3-14).

Enfin dans certains cas particulièrement rebelles, on pourra, au niveau du rupteur, remplacer le condensateur d'origine (fig. 3-15 a et b), généralement un modèle « parallèle », par un modèle « de passage » (fig. 3-16 a et b) pour les raisons invoquées ci-dessus.

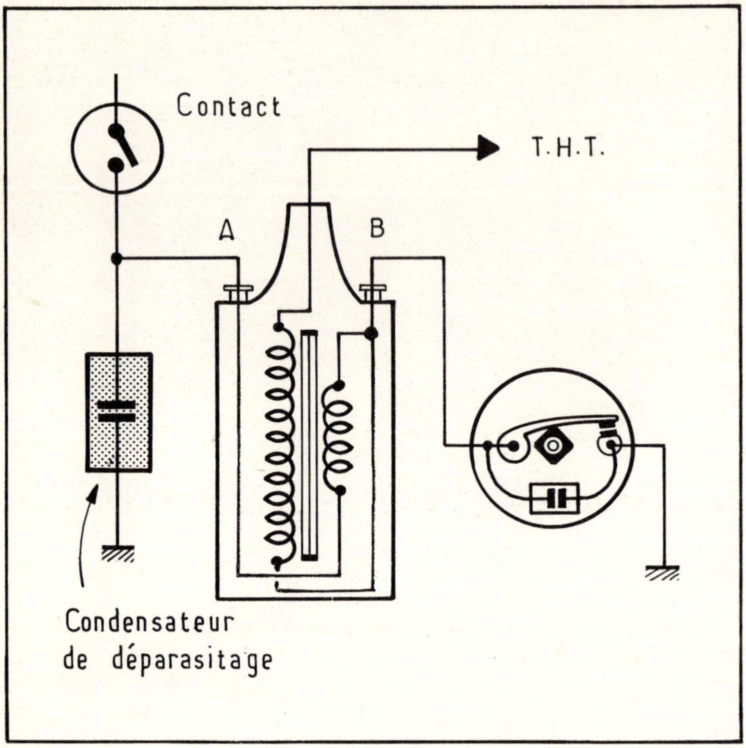

Fig. 3.10. – Principe du déparasitage de la bobine d'allumage au moyen d'un condensateur branché en parallèle sur la borne d'entrée (A) du primaire.

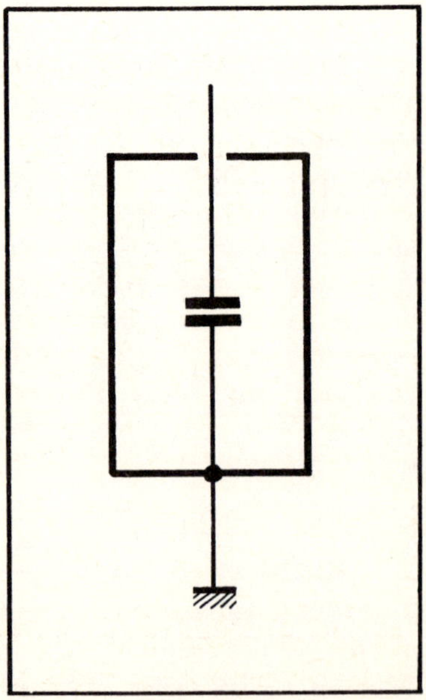

Fig. 3.11 a – Représentation schématique d'un condensateur «parallèle».

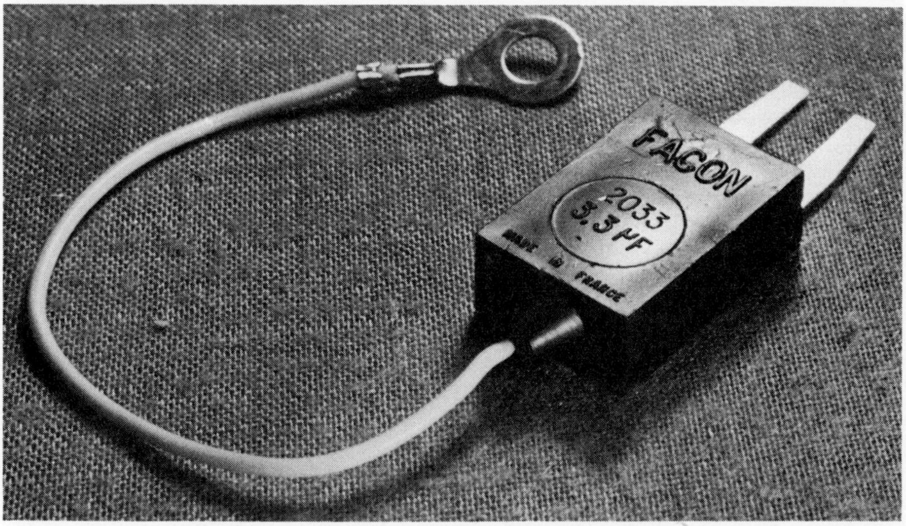

Fig. 3.11 b – Condensateur «parallèle» pour bobine d'allumage (Facon).

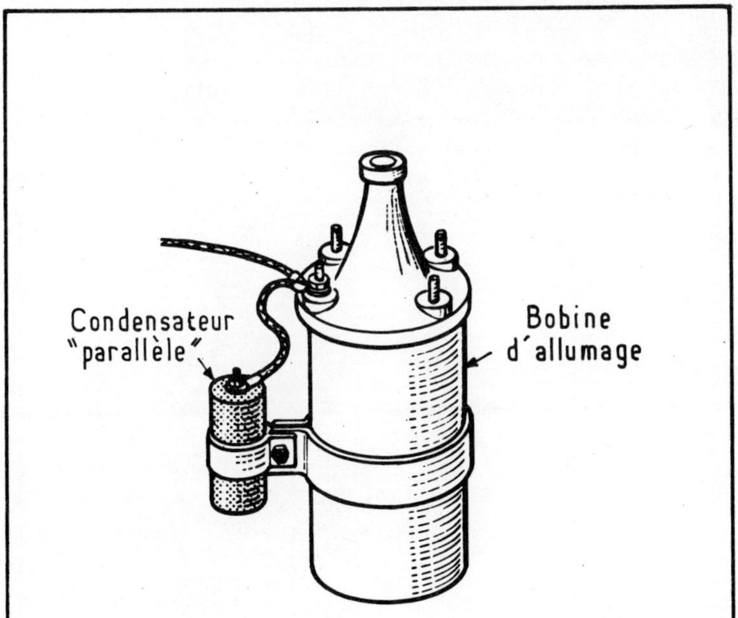

Fig. 3. 12. – Branchement d'un condensateur «parallèle» aux bornes d'une bobine d'allumage.

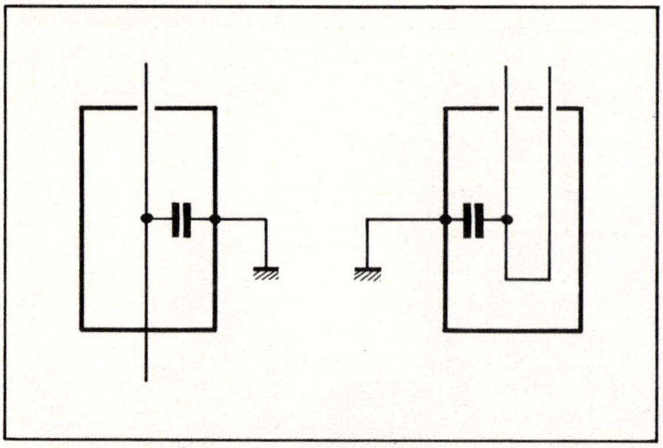

Fig. 3.13 a – Représentation schématique des condensateurs de «passage».

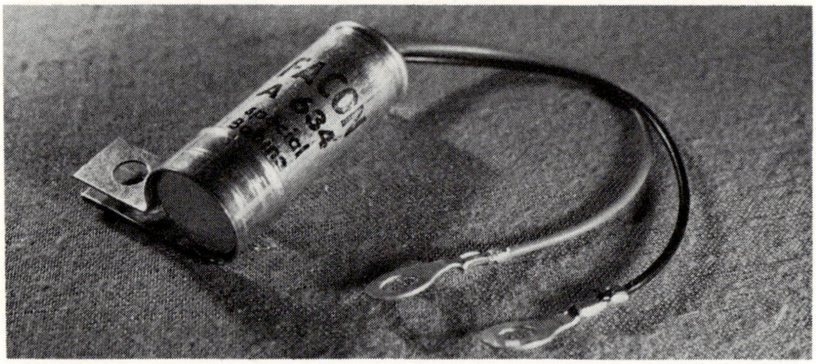

Fig. 3.13 b – Condensateurs de «passage» pour déparasitage en M.F. (Facon).

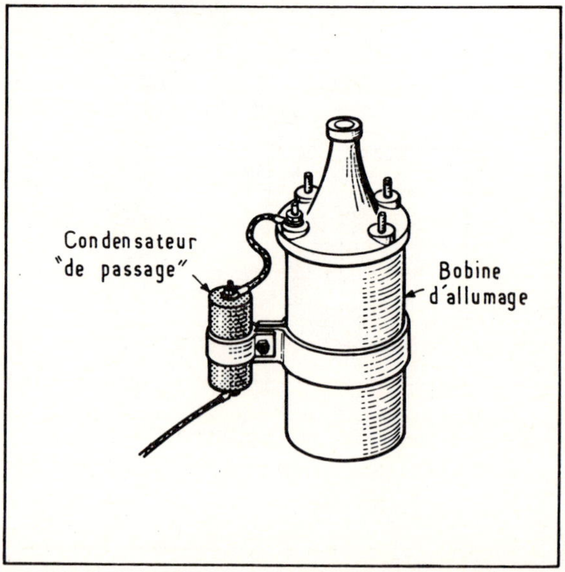

Fig. 3.14. – Branchement d'un condensateur de «passage» aux bornes d'une bobine d'allumage.

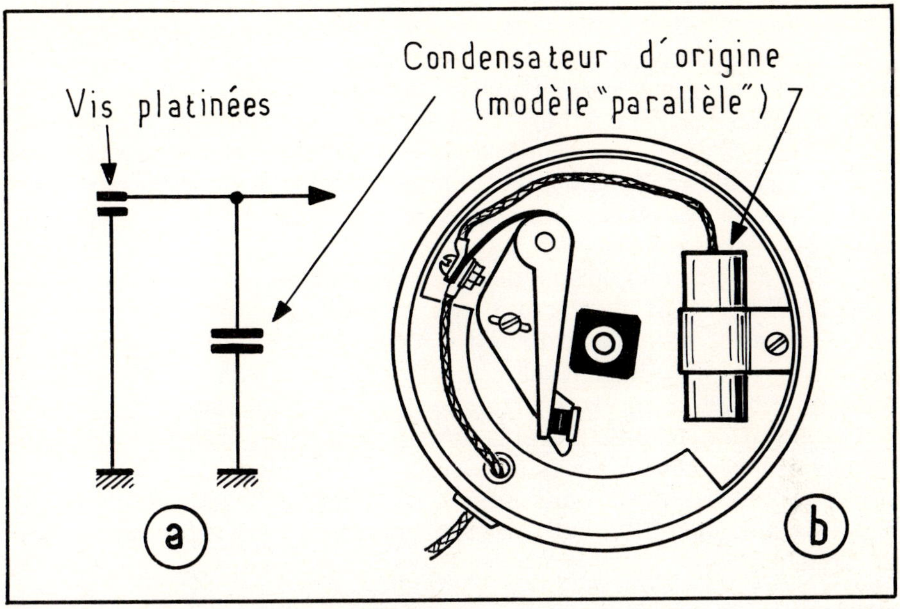

Fig. 3.15. – Représentation schématique d'un condensateur d'allumage (a) et branchement de ce dernier aux bornes des vis platinées (b) du rupteur.

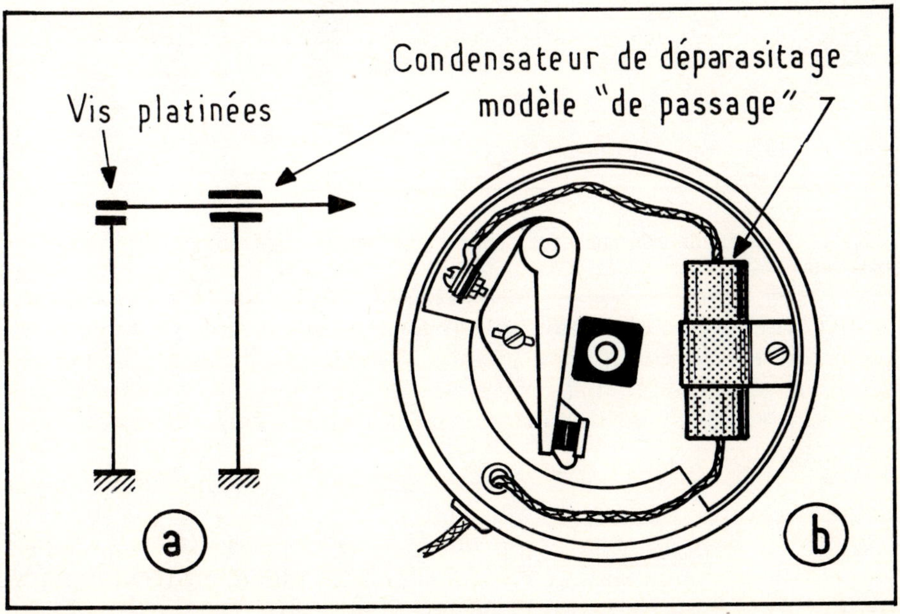

Fig. 3.16. – Le déparasitage du circuit d'allumage peut être amélioré en remplaçant le condensateur d'origine, modèle «parallèle», par un condensateur de «passage» (a), branché aux bornes des vis platinées (b) du rupteur.

— Déparasitage de l'installation électrique

Communs aux véhicules à moteur à essence et à moteur diesel, les parasites dus à l'installation électrique de bord ont pour principale origine les générateurs de courant : *dynamo* ou *alternateur*.

Différents dans leur manifestation — il s'agit de « crachements » dans le cas d'une *dynamo*, et de « sifflements » dans le cas d'un *alternateur* — les parasites inhérents à ces générateurs de courant peuvent être combattus en faisant appel à des procédés voisins, du moins au premier stade de leur élimination.

En effet, étant donné que ces signaux parasites indésirables sont véhiculés par l'intermédiaire des câbles d'alimentation, on doit faire en sorte de dériver ces parasites à la masse (châssis) du véhicule de façon qu'ils n'atteignent pas l'auto-radio.

La solution la plus simple, dans le cas d'une *dynamo*, consiste à placer un condensateur (2 à 3 μF) en parallèle sur l'enroulement *induit*, lequel est directement relié au régulateur par un câble de grosse section (fig. 3-17 a et b) et repéré par l'un des signes suivants : +; Dyn.; D, A.

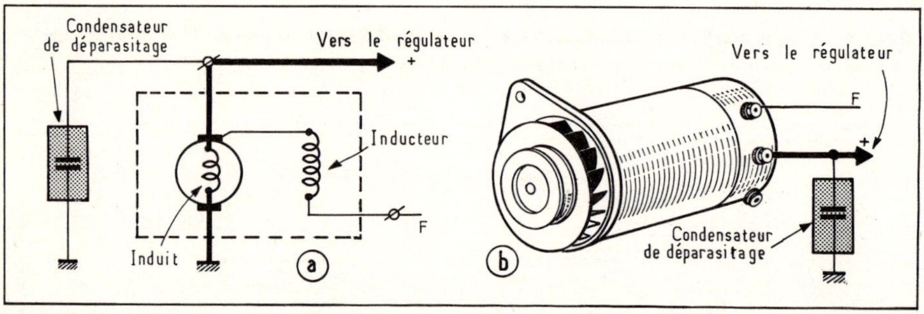

Fig. 3.17. — Schéma de principe d'une dynamo (a) et de son déparasitage (b) à l'aide d'un condensateur.

En aucun cas, ce condensateur ne devra toutefois être connecté à la borne de *l'inducteur* (en général repérée par la lettre F) et que l'on peut également distinguer par le fait que le conducteur y aboutissant est de section nettement inférieure à celle du conducteur relié à *l'induit*.

De même que pour le déparasitage de la bobine d'allumage, on pourra opter pour un condensateur « parallèle » si l'auto-radio n'est prévu que pour la réception des PO et des GO (fig. 3-18). Par contre, un condensateur « de passage » est vivement recommandé dès lors qu'il s'agit de capter les OC ou la MF (fig. 3-19).

Lorsque l'on a affaire à un alternateur, engendrant davantage de perturbations à basse fréquence qu'à haute fréquence, on peut

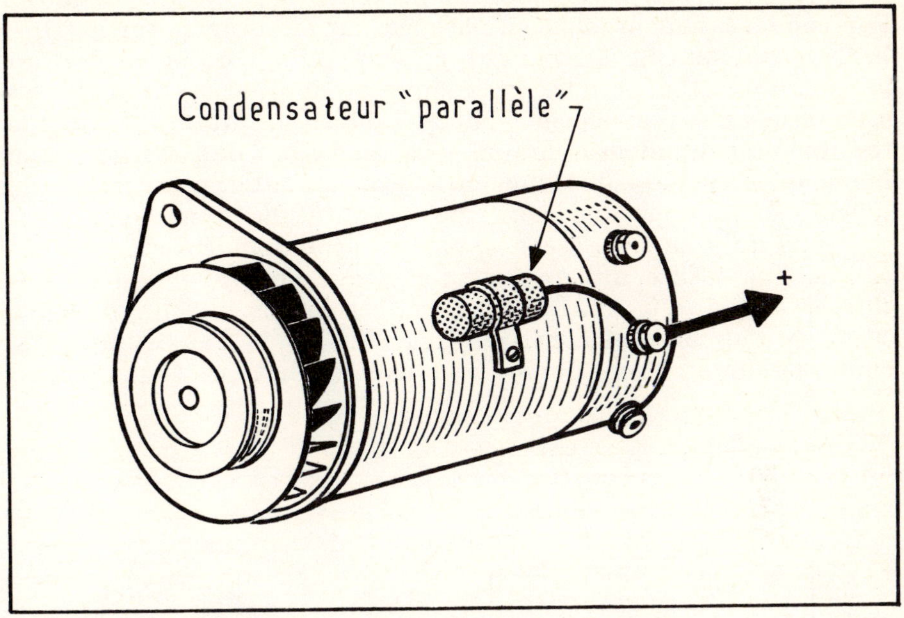

Fig. 3.18. – Utilisation d'un condensateur de déparasitage «parallèle».

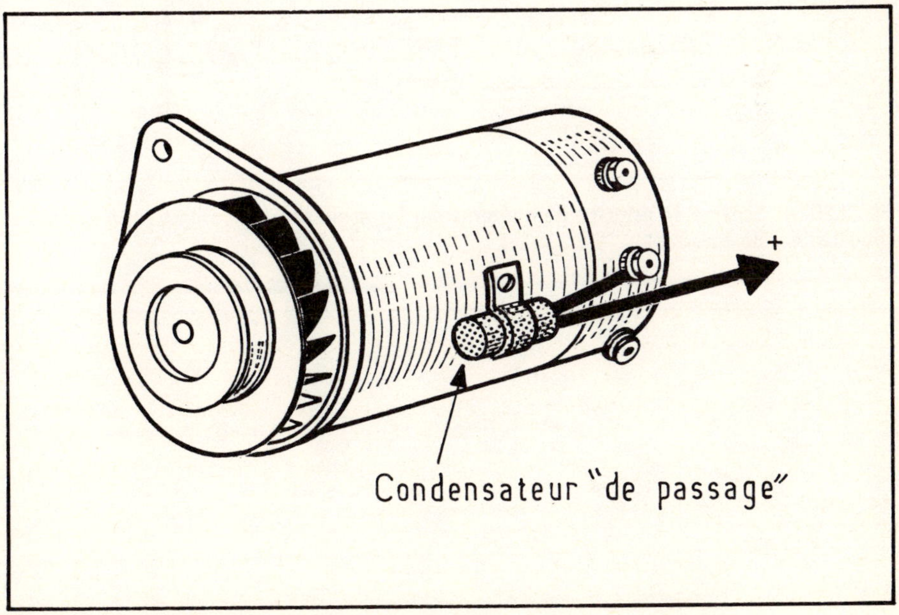

Fig. 3.19. – Utilisation d'un condensateur de déparasitage «de passage».

également essayer de dériver les parasites à la masse au moyen d'un condensateur branché en parallèle sur la borne de sortie (B +) de l'alternateur (fig. 3-20 a et b). Pour obtenir de bons résultats, on aura intérêt à prendre un condensateur dont la capacité sera environ dix fois plus élevée (soit 20 à 30 μF en pratique) que pour une dynamo. Condensateur qui sera du type « de passage » étant donné que les parasites engendrés par un alternateur sont plus difficiles à éliminer que ceux provenant d'une dynamo.

Quoi qu'il en soit, il est vivement recommandé — notamment lorsque l'on utilise un auto-radio-cassette, de prévoir en plus un *filtre de batterie* (fig. 3-21 a) placé en série dans le câble d'alimentation de l'appareil et constitué (fig. 3-21 b) par l'association d'un condensateur et d'une bobine à noyau magnétique (fig. 3-22).

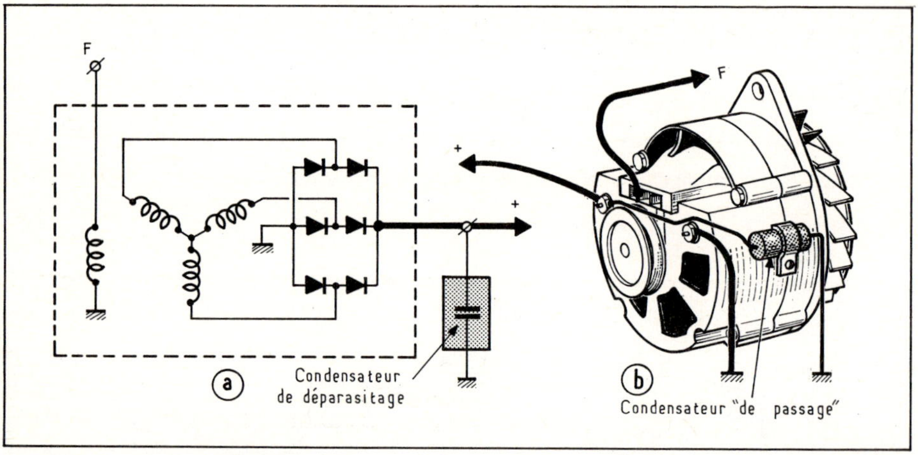

Fig. 3.20. — Schéma de principe d'un alternateur (a) et de son déparasitage (b) à l'aide d'un condensateur de «passage».

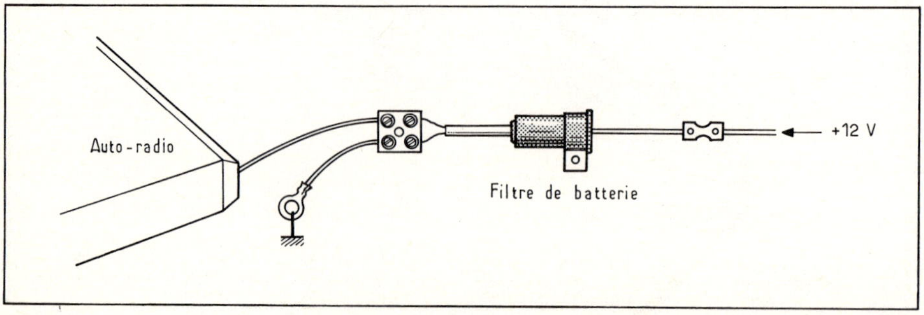

Fig. 3.21 a — Montage d'un filtre de batterie en série avec la ligne d'alimentation de l'auto-radio.

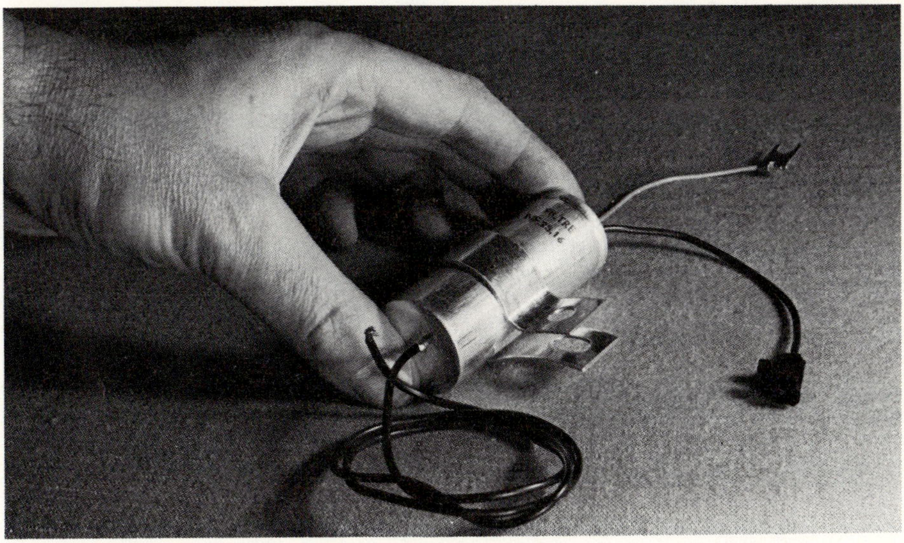

Fig. 3.21 b – Aspect pratique d'un filtre-batterie (Facon).

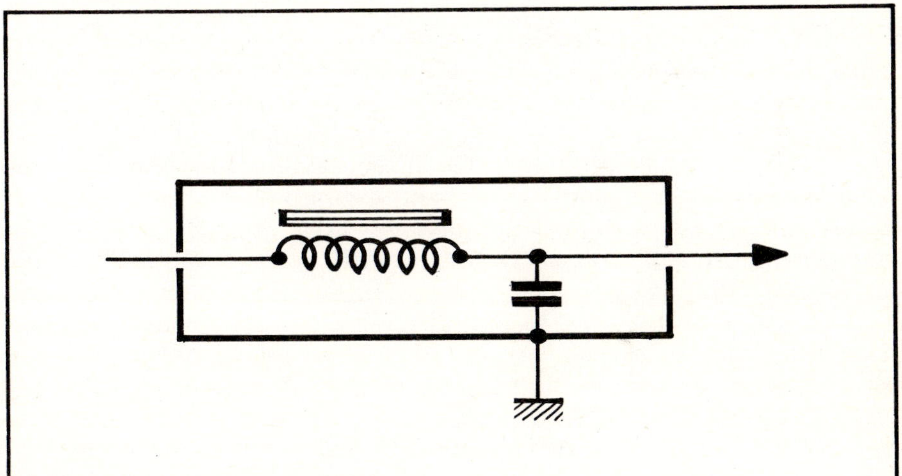

Fig. 3.22. – Schéma de principe d'un filtre de batterie.

Outre la dynamo ou l'alternateur, le *régulateur* — appelé parfois *conjoncteur-disjoncteur* — peut être à l'origine de certains parasites électriques, que l'on peut, comme dans les exemples précédents, éliminer en faisant usage de condensateurs de découplage, combinés ou non avec des bobines antiparasites.

Si l'on fait abstraction du point de masse, un régulateur pour dynamo ne comporte que trois points de connexion (fig. 3-23) :

— le premier (A) relié à la sortie de *l'induit* de la dynamo,

— le second (B) connecté à *l'inducteur de celle-ci,*

— le troisième (C) branché à *la batterie* de bord.

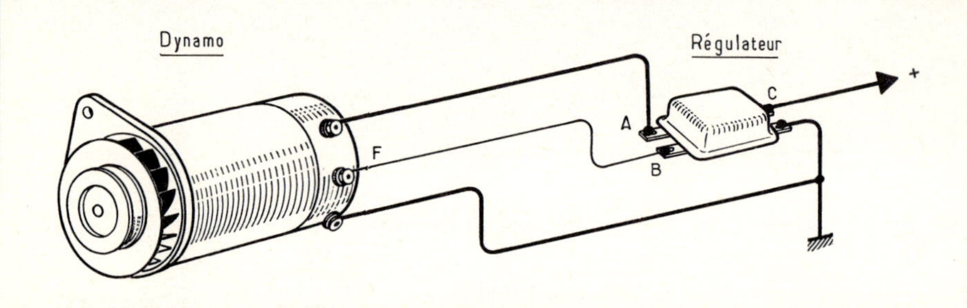

Fig. 3.23. — Branchement entre une dynamo et un régulateur appelé aussi conjoncteur - disjoncteur.

Dans la plupart des cas, les régulateurs engendrant des parasites surtout sensibles en OC et en MF, il est conseillé d'utiliser un condensateur « de passage » que l'on branche sur le conducteur de liaison à la batterie, et le plus près du régulateur (C1 fig. 3-24 a).

Lorsque, à la suite de cette intervention, des parasites sont encore audibles, on peut être amené à compléter l'installation par un second condensateur « de passage » (C2, fig. 3-24 b) disposé dans la liaison entre la sortie de *l'induit* de la dynamo (borne A) et l'entrée du régulateur.

Si les résultats sont insatisfaisants, il reste une dernière solution qui consiste à disposer, en plus, une *bobine antiparasites* en série dans la connexion reliant *l'inducteur* de la dynamo à la borne B du régulateur (fig. 3-24 c).

Ce qui vient d'être dit à propos du déparasitage des régulateurs utilisés en liaison avec les dynamos s'applique également lorsqu'il s'agit d'alternateurs; à cette différence près toutefois que les régulateurs que l'on rencontre alors ne comportent que deux points de connexion, abstraction faite du point de masse (fig. 3-25).

Dans un premier stade le déparasitage consiste à monter un condensateur « parallèle » (C1, fig. 3-26 a) sur la borne de sortie de l'alternateur et un condensateur « de passage » (C2) sur la borne

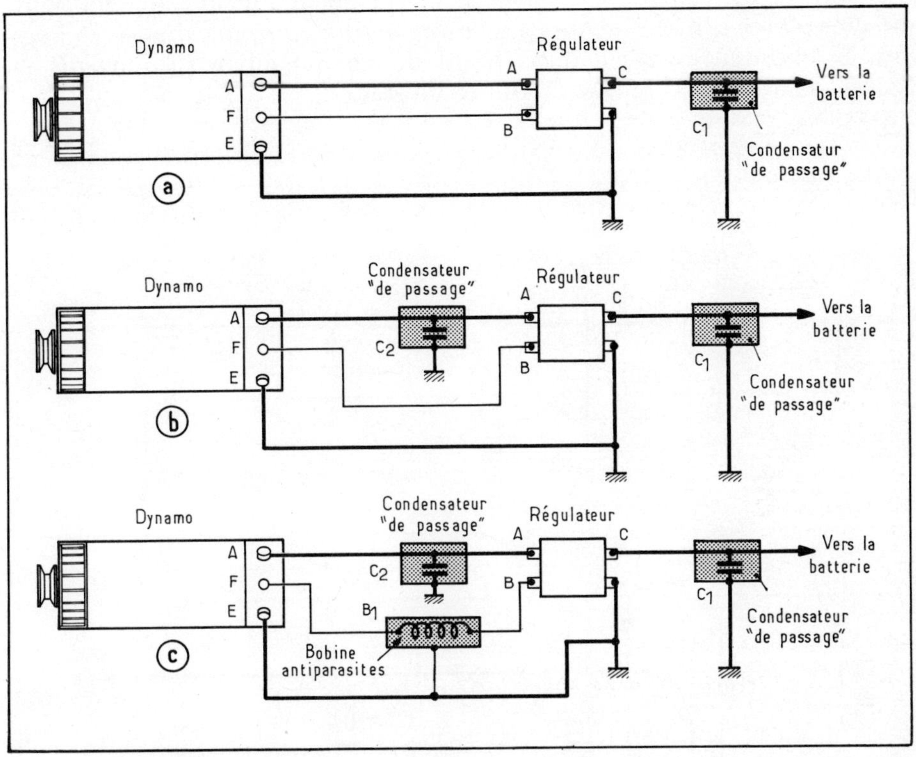

Fig. 3.24. — Etapes progressives du déparasitage d'un régulateur associé à une dynamo.

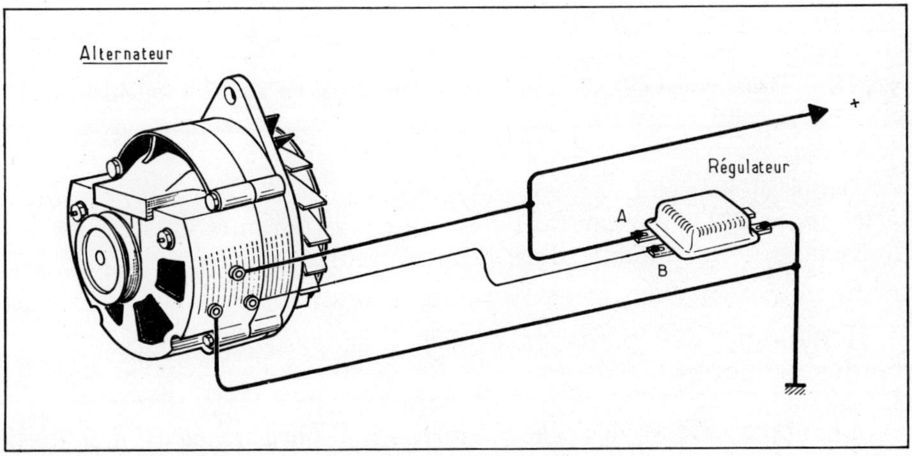

Fig. 3.25. — Branchement entre un alternateur et un régulateur.

d'entrée A du régulateur. Si cela se révèle insuffisant, il convient de compléter l'installation par une *bobine antiparasites* (fig. 3-26 b) montée en série dans le fil de liaison entre *l'inducteur* de l'alternateur et la borne B du régulateur.

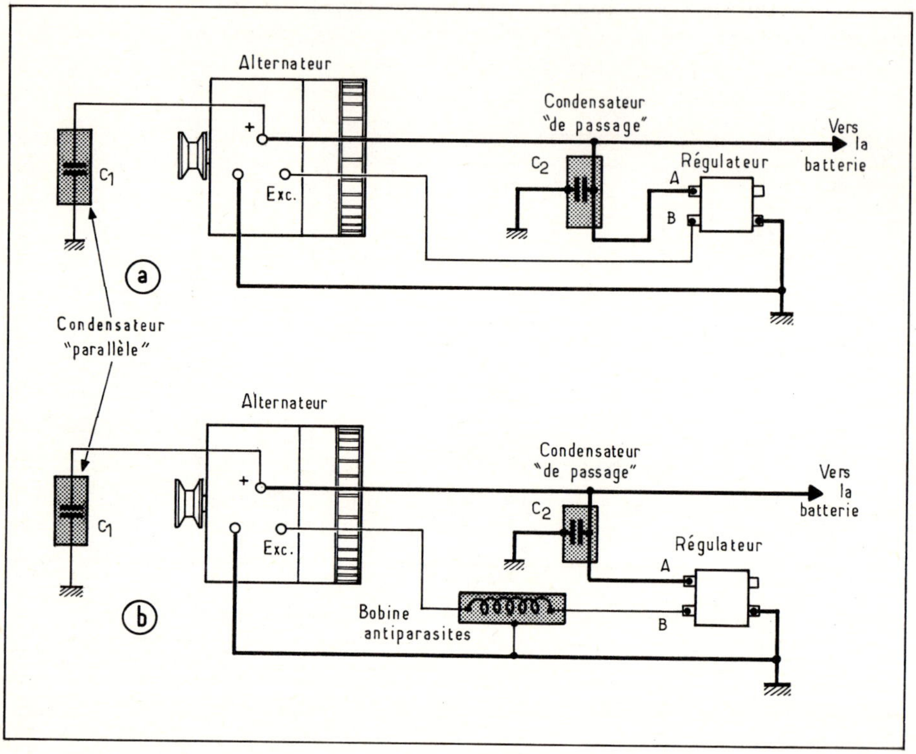

Fig. 3.26. – Etapes progressives du déparasitage d'un régulateur associé à un alternateur.

Tous éléments que l'on retrouve sur le schéma synoptique de la figure 3-27 représentant l'essentiel des circuits électriques et d'allumage d'un véhicule doté d'un moteur à essence.

— Élimination des parasites dus aux accessoires et aux charges statiques

Le déparasitage des « accessoires » de bord *(moteur d'essuie-glace, avertisseur, montre électrique, ventilateur électrique, clignotants, jauge à essence, pompe électrique, commande électrique des vitres,* etc.)

s'effectue habituellement au moyen de condensateurs « parallèle » ou « de passage » que l'on place à l'arrivée du fil conducteur d'alimentation et, en principe, à proximité immédiate de l'élément perturbateur.

C'est ainsi que, pour les moteurs d'essuie-glaces ou de lève-vitres, il est conseillé de placer le condensateur de déparasitage au niveau des balais du collecteur, donc à l'intérieur du carter métallique du moteur, que, par ailleurs, on doit mettre à la masse afin d'obtenir une meilleure protection.

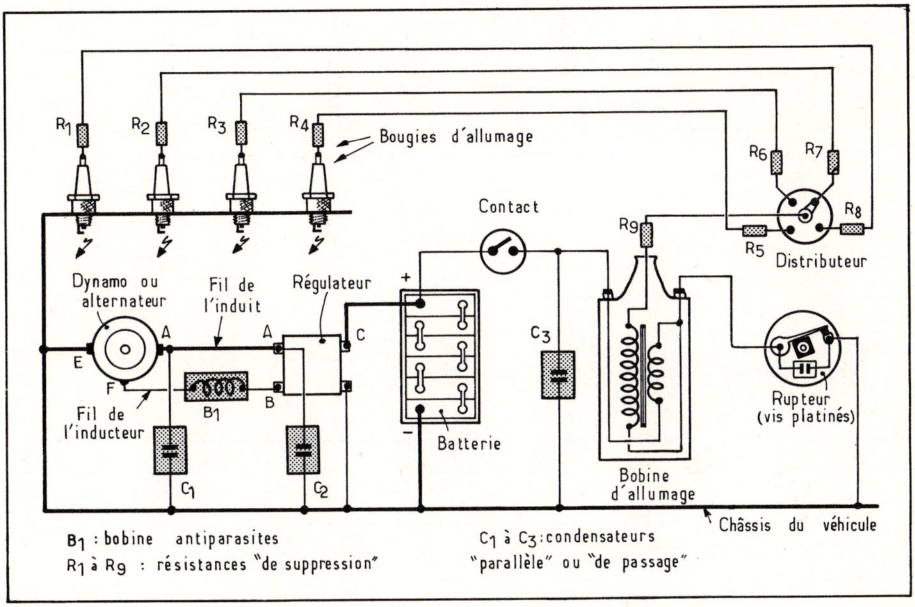

Fig. 3.27. – Schéma montrant les accessoires de déparasitage (condensateurs, résistances, bobine) des circuits électriques d'un véhicule doté d'un moteur à essence.

Toutefois, comme la place est souvent mesurée, on est le plus souvent contraint à placer ce condensateur à l'extérieur du carter et à prendre un condensateur de capacité suffisante (2 à 3 μF) (fig. 3-28). Cette solution s'applique également aux moteurs de ventilateurs électriques ainsi qu'à ceux des pompes à essence électriques ou encore aux moteurs d'avertisseurs à compression.

Les montres électriques, transistorisées ou non, sont également la source de certains parasites assez faciles à déceler en raison de leur cadence régulière. Dans ce cas, le déparasitage s'effectue en plaçant un condensateur « parallèle » sur le fil d'alimentation (fig. 3-29).

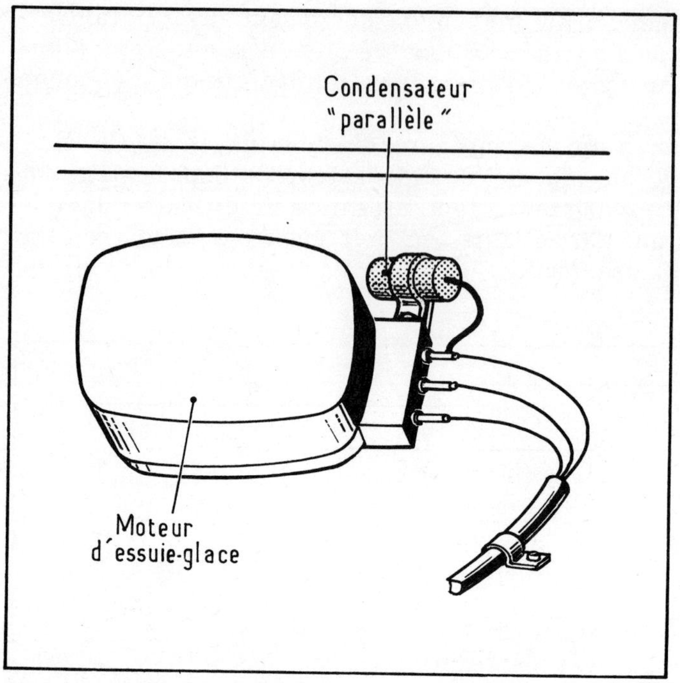

Fig. 3.28. — Déparasitage d'un moteur d'essuie-glace.

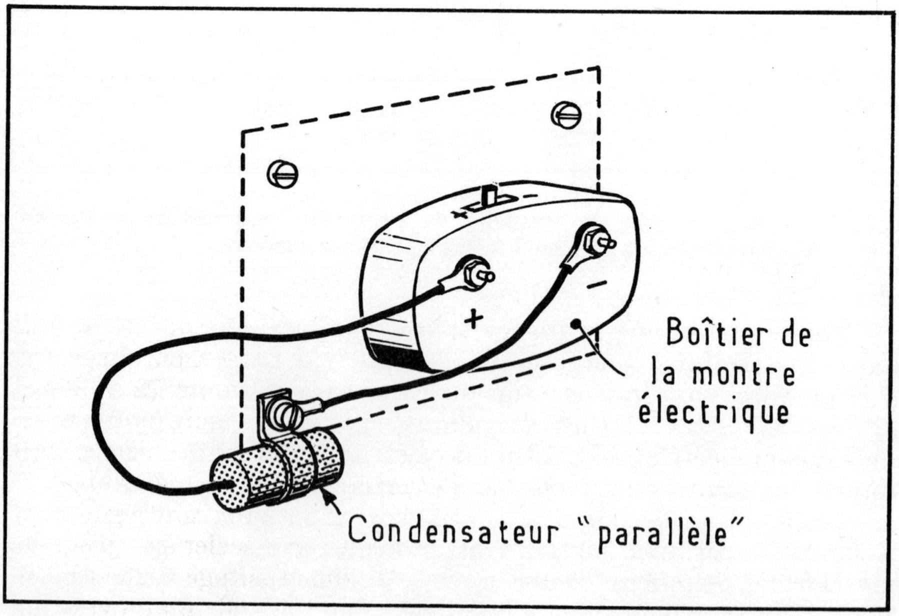

Fig. 3.29. — Déparasitage d'une montre électrique.

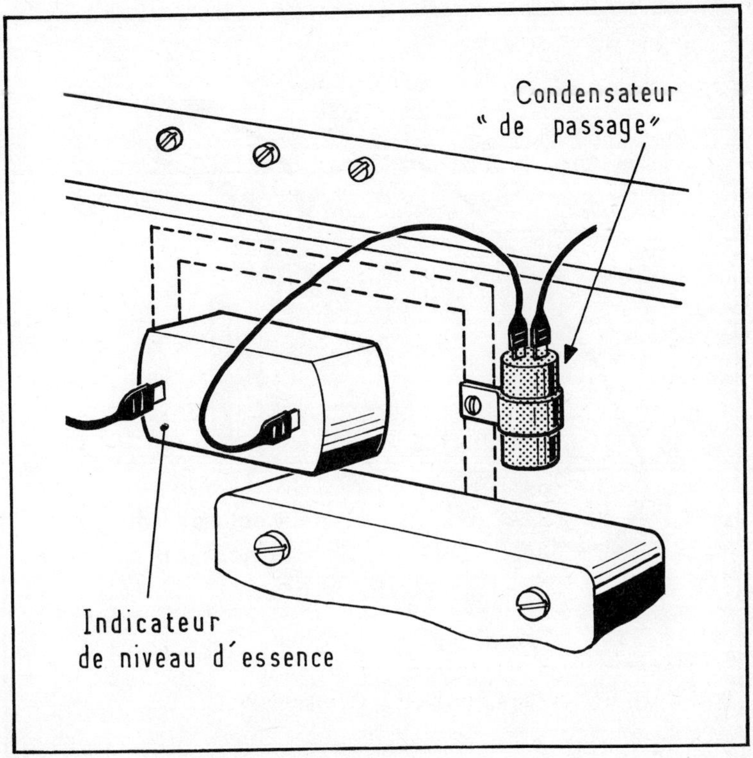

Fig. 3.30 – Déparasitage d'un indicateur de niveau d'essence.

Même remarque pour les indicateurs de niveau d'essence pour lesquels, toutefois, un condensateur « de passage » est à préférer (fig. 3-30).

Pour ce qui est enfin des centrales de clignotants (feux de signalisation ou de détresse), il est également possible d'en prévoir le déparasitage qui peut fort bien être réalisé à l'aide d'un condensateur « parallèle » branché, comme dans les exemples précédents, sur le fil d'arrivée de l'alimentation (fig. 3-31).

Reste le délicat problème des *parasites d'origine statique* qui ne se manifestent que lorsque le véhicule roule et dont l'intensité est en général fonction de l'humidité ambiante ou de la nature de la route.

N'étant pas décelables à l'arrêt, de tels parasites ne sont guère faciles à localiser, d'autant qu'ils peuvent avoir diverses origines.

Constatés généralement lorsque le véhicule se déplace à une certaine vitesse et sur une route sèche, de tels parasites sont surtout sensibles en PO et GO. Ils sont en principe dus aux charges électriques développées par le frottement de l'air sur la carrosserie du véhicule; charges qui ne parviennent pas à être dérivées à la masse

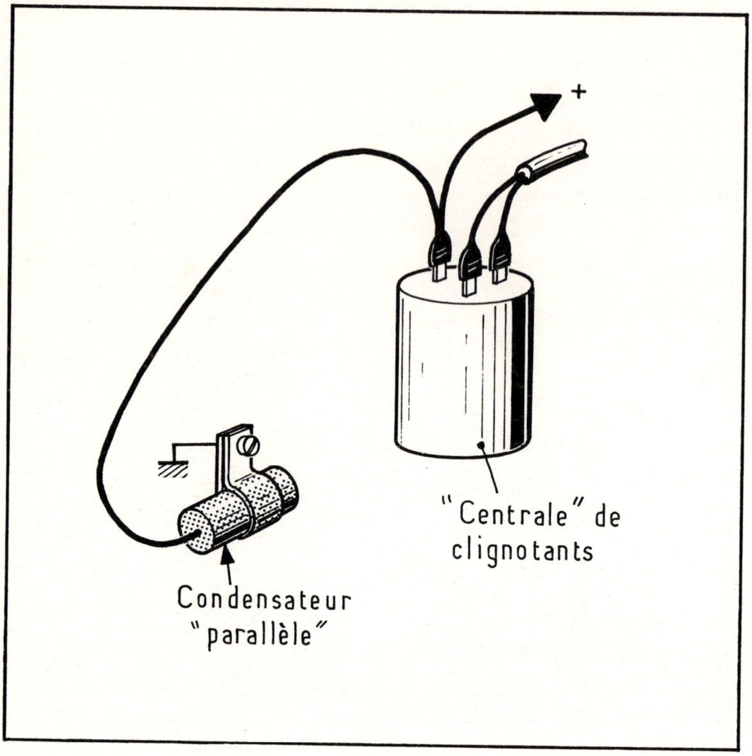

Fig. 3.31. – Déparasitage d'une «centrale» de clignotants.

du véhicule, du fait de la présence de corps isolants (graisse des roulements de roues, pneumatiques, silent-blocs...), s'opposant à leur écoulement naturel vers le sol.

Bien plus fréquents qu'on ne le croit et assez gênants, ces parasites peuvent heureusement voir leur origine diagnostiquée de diverses manières : par exemple, en coupant le contact lorsque le véhicule roule et en freinant : si tel est le cas, ces derniers doivent alors disparaître, les mâchoires de frein établissant alors un contact entre les roues et le châssis du véhicule.

Bien plus, en agissant par exemple seulement sur le frein à main, il est même possible de définir si ce sont les roulements ou les pneus des roues avant ou arrière qui sont responsables.

Autre possibilité également, celle qui consiste à mouiller les roues du véhicule et à comparer la variation d'intensité des parasites avant et après l'intervention. A signaler au passage que, par temps humide — ou sur route mouillée — les phénomènes définis ci-dessus, et ayant pour origine des charges statiques, disparaissent normalement.

Lorsqu'il en est ainsi, on peut être certain que le défaut est dû à un manque de conduction électrique, par exemple, entre moyeux et essieux de roues ou entre les pneumatiques et le sol.

Dans le premier cas, la solution la plus simple consiste à monter des ressorts de roues (fig. 3-32) entre l'enjoliveur et le moyeu comme indiqué figure 3-33; c'est-à-dire avec la pointe du ressort (qu'il convient de lubrifier) appliquée contre l'arbre de roue.

Fig. 3.32. – Ressorts de roues destinés à l'élimination des charges d'électricité statique.

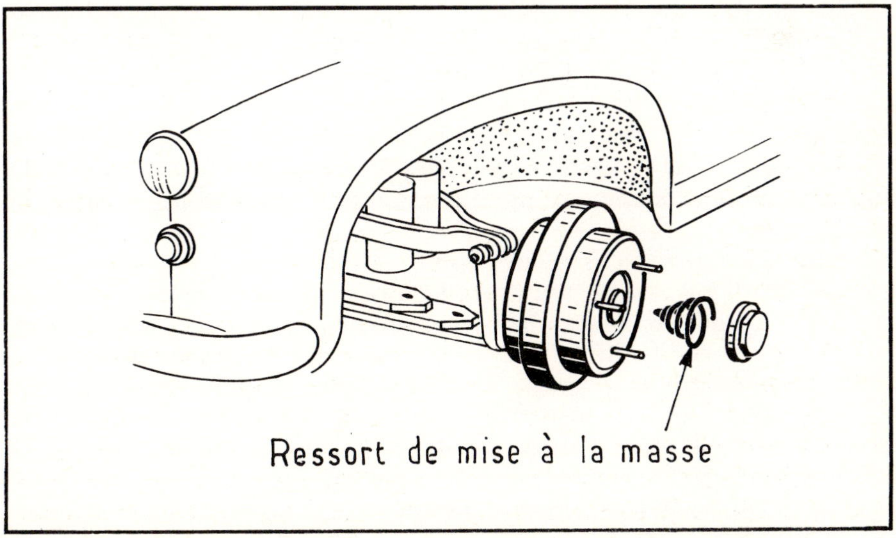

Fig. 3.33. – Principe du montage des ressorts de roues entre l'enjoliveur et le moyeu.

Dans le cas où la pose de tels ressorts se révèle difficile, voire impossible, une autre solution peut être envisagée. Elle consiste à remplir les roulements de roues de graisse graphitée, donc conductrice, ou éventuellement à ajouter de la poudre graphitée à la graisse en place.

Dans le second cas — parasites dus à un mauvais écoulement des charges statiques vers le sol — le saupoudrage des chambres à air et de l'intérieur des pneus à l'aide de poudre graphitée constitue une très bonne solution dont l'efficacité peut encore être renforcée en passant à la peinture au plomb, ou au latex conducteur, la face interne des jantes en contact avec les pneus.

Quant aux parasites dus à une insuffisance de contact électrique entre certains éléments tels que le radiateur du circuit de refroidissement et le bloc moteur, isolés par les durites, ou entre le châssis proprement dit et la carrosserie — notamment lorsque celle-ci est montée sur des silent-blocs isolants — leur diminution peut être simplement obtenue en réunissant le châssis à la carrosserie au moyen de tresses métalliques de forte section.

Cette solution est du reste à retenir dans le cas de ponts du type de Dion, ou encore des pots d'échappement suspendus élastiquement et, de ce fait, isolés électriquement de la masse du véhicule. Il faut alors prévoir des tresses présentant une certaine longueur de « sécurité » de façon à tenir compte des variations de distance entre les éléments considérés et inhérentes à la suspension.

— La localisation des parasites

Si l'on respecte la technique de déparasitage que nous venons de décrire, et grandement facilitée par des ensembles « standard » présentés ou non en « blister » par certains fabricants (fig. 3-34), l'expérience prouve que l'on peut raisonnablement espérer réduire d'environ 75 % le niveau des parasites créés à bord du véhicule sur lequel est installé l'auto-radio. Ce qui est loin d'être négligeable mais néanmoins insuffisant pour prétendre à une écoute vierge de perturbations.

Pour éliminer les 25 % des parasites restants, il convient alors de procéder à un dépistage systématique afin de compléter l'action du déparasitage de base analysé ci-dessus. Opération qui pourra être grandement facilitée en ayant notamment recours à une cassette-diagnostic (fig. 3-35) sur laquelle sont notamment enregistrés tous les types de bruits provoqués par les parasites engendrés à bord d'un véhicule; bruits accompagnés de commentaire et de tous les conseils relatifs à leur élimination.

Forts de ces précieux renseignements et des indications précédemment données, nous commencerons tout d'abord par la recherche des parasites ayant pour origine le *circuit d'allumage.* Leur détection

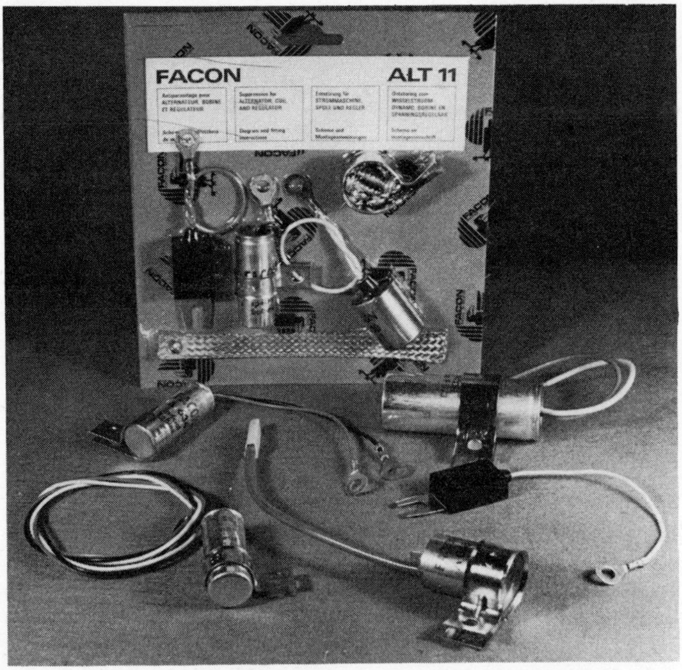

Fig. 3.34. – Certains fabricants proposent des ensembles «standard» de déparasitage plus ou moins complets, et présentés, ou non, en «blister» (Facon).

Fig. 3.35. – L'utilisation d'une cassette-diagnostic comportant les enregistrements de tous les types de bruits engendrés à bord d'un véhicule - ainsi que les conseils relatif à leur élimination - peut s'avérer d'une grande utilité (Béru).

est assez facile : en principe, leur fréquence, de même que leur intensité, sont fonction de la vitesse de rotation du moteur, et ce, que le véhicule roule ou soit arrêté.

Pour localiser de façon certaine leur origine, il suffit de couper le contact lorsque le moteur est en fonctionnement. Si le circuit d'allumage est en cause, les parasites doivent disparaître aussitôt.

Pour les éliminer, il convient de prendre certaines des mesures complémentaires suivantes :

— pose d'une tresse entre le point de masse du condensateur de déparasitage bobine et le groupe moteur, lorsque la bobine n'est pas montée sur ce dernier;
— remplacement des câbles de bougies résistants par des « suppresseurs » et montage de « suppresseurs » aux sorties du distributeur;
— utilisation de « suppresseurs » de bougies blindés;
— blindage de la bobine d'allumage et de la tête de distributeur;
— exceptionnellement, blindage des câbles de liaison aux bougies et à la bobine;
— pose d'une tresse entre le capot du moteur et le châssis du véhicule.

Voyons maintenant le cas des parasites dus à la *dynamo* ou à *l'alternateur*, et dont la manifestation est différente. En effet, les parasites engendrés par une dynamo se présentent sous la forme de « crachements », tandis que ceux dus à un alternateur s'apparentent à une sorte de « sifflement ».

« Crachements » et « sifflement » qui, à l'inverse des parasites dus au circuit d'allumage, ne sont pas supprimés dès que l'on coupe le contact, lorsque le moteur tourne à une certaine vitesse, mais vont « en mourant » pour ne disparaître qu'à l'arrêt total de ce dernier.

Pour éliminer ces parasites résiduels, quelques solutions sont possibles :

— augmentation de la valeur du condensateur d'antiparasitage placé en sortie de dynamo ou d'alternateur; condensateur qui peut être porté à 30 et même 50 μF dans le cas d'un alternateur;
— utilisation d'un filtre de batterie en série dans le fil d'alimentation de l'auto-radio;
— pose d'un conducteur direct entre le pôle moins de la batterie et la masse de l'auto-radio.

Pour ce qui est enfin du *régulateur*, on pourra avoir une idée de sa « responsabilité » en allumant les feux de route du véhicule, le moteur étant en marche et en réglant l'auto-radio en OC ou en MF. Si le régulateur est en cause, les parasites doivent alors disparaître. Dans ce cas, leur élimination pourra être obtenue de la façon suivante :

— en augmentant la valeur du condensateur placé à l'entrée du régulateur de tension, que l'on pourra porter à 2 ou 3 μF;

— en insérant une bobine de filtre dans la liaison entre la dynamo — ou l'alternateur — et le régulateur;

— en blindant cette connexion.

Moyennant quoi, on sera en droit d'escompter une audition pratiquement vierge de parasites.

QUELQUES ADRESSES UTILES

- Béru : SK Diffusion, 43, rue Voltaire, 92300 Levallois-Perret.
- R. Bosch, Blaupunkt : 32, avenue Michelet, 93404 Saint-Ouen.
- Facon : 28, rue de Lyon, 75012 Paris.
- Grundig : 107/111, avenue Georges-Clémenceau, 92005 Nanterre.
- Hitachi : 9, boulevard Ney, 75018 Paris.
- Nakamichi : 44, rue Sébastien-Mercier, 75015 Paris.
- Philips : 50, avenue Montaigne, 75380 Paris.
- Pioneer, Setton : 8, rue Grange-Dame-Rose, 78140 Vélizy.
- Radiola : 47, rue de Monceau, 75008 Paris.
- Sharp : avenue Ampère. Zone industrielle de Villemilan, B.P. 111, 91320 Wissous.
- Jensen, Dimel : 28, avenue Louis Blériot. Zone industrielle, 93120 La Courneuve.

Table des matières